U0175423

编 委 会

主　编：汤　珂　吴志雄

编写组（按姓氏拼音排序）：

陈　刚　高　珂　高瑞泽　洪创业

黄文峰　李金璞　王锦霄　熊巧琴

徐春梅　杨　铿　张丰羽　郑　超

TRUSTED CIRCULATION OF DATA ELEMENTS

数据要素的可信流通

汤珂　吴志雄　主编

人民出版社

目　录

前　言

作为数字时代的关键生产要素与重要战略资源，数据与数智化技术有机耦合，赋能企业数字化转型，促进创新，为经济增长提供新的动能。中国作为世界第二大经济体，拥有超大规模的市场优势，蕴含海量数据源。据国际数据公司估计，中国的数据资源规模将以每年 30% 的平均增速扩张，预计 2025 年达到 48.6 泽字节（ZB）。这些原始数据有潜力形成巨大的规模效应，但是数据作为经济活动的副产品，往往不能合规地在市场中流通释放价值。因此，数据要素市场的建设便成为数据充分流通的应有之义。

近年来，中国的数据要素市场培育如火如荼推进，但在实践中仍出现“有市无数，有数无市”的现象。数据要素市场遇冷，是市场参与者激励匮乏的直接体现。多数文献结合数据要素可复制、非竞争、权属复杂等特性对这一问题进行过剖析，总结出数据要素市场建设的难点与挑战，但少有研究从信任的角度对数据流通进行系统性分析。从本质上来看，数据是一种“信任品”。本书通过“信任”这一视角，对数据流通进行全方位的解读。具体来讲，本书基于“TIME”分析框架，将数据可信流通解构为技术（Technology）、机构（Institute）、模式（Model）、监管（Examination）四个部分，对数据可信流通技术、数据流通机构、可信的数据流通模式以及促进数据可信流通的治理方案提供了全面介绍。

2022年12月，《中共中央　国务院关于构建数据基础制度更好发挥数据要素作用的意见》（以下简称“数据二十条”）正式发布，文件中多次提及“可信”一词。在技术方面，建议开展数据流通相关安全技术研发和服务，以促进不同场景下数据要素安全可信流通；在流通交易制度方面，提出建立数据来源可确认、使用范围可界定、流通过程可追溯、安全风险可防范的数据可信流通体系；在治理方面，指出需要充分发挥政府有序引导、规范发展的作用，注重数据安全，强调数据流通的全流程监管，最终形成安全可信、监管有效的数据要素市场环境。构建可信的数据流通体系，需要流通技术和流通机构作为基础设施，探索形成可信的流通模式，再辅之以敏捷灵活的市场治理方案。在这一背景下，本书围绕“可信”概念对中国数据要素市场的建设实践进行了回顾与展望。

本书旨在为数据要素市场参与者、数字经济从业者、数据治理人员以及关注数据流通交易的读者提供参考，帮助他们更好地发现中国数据要素市场的痛点和难点，认识到数据区别于传统商品的特殊属性并以此出发理解数据流通的可行模式。本书共分为八章。第一章从经济学视角回顾了数据要素的理论基础，论证数据要素流通的必要性及其作为流通标的物的特点。第二章对中国的数据要素市场发展现状作出概述，重点介绍了数据要素市场的参与者，并结合数据特点分析了市场建设的痛难点。第三章解读了数据流通中“可信”一词的理论内涵，构建了数据要素可信流通的理论框架——TIME模型，具体包括技术（Technology）、机构（Institute）、模式（Model）和监管（Examination）。第四章综述了数据可信流通技术体系（T部分），既包括数据加密、隐私计算、区块链等基础技术，也包括跨域管控等前沿技术，同时基于案例介绍了数据可信流通技术的场景化应用。第五章围绕数据交易所、数商、数据经纪人、数据空间等四类流通机构（I 部分），介绍其基本功能，并从声誉机制、契约机制、技术机制和监管机制等角度阐明了可信性的来源。第六章分析了数据的可信流通模式（M 部分），并介绍了权属许可与转让、授权运营、数据信托、产品服务流通模式下的可信流通方案。第七章分析了数据流通的治理（E 部分），构建了数据流通敏捷治理框架。第八章以南威软件股份有限公司的数据要素操作平台建设成果为案例，阐述数据要素平台促进数据要素可信流通的实践。

全书由汤珂策划和确定各个章节的内容框架并进行最终的统稿。具体来讲，熊巧琴完成数据要素的理论基础（第一章）、王锦霄完成数据要素市场（第二章），李金璞完成数据可信流通的框架（第三章），高瑞泽完成数据可信流通技术（第四章），王锦霄和张丰羽完成数据流通的机构（第五章），陈刚完成数据可信流通模式（第六章），杨铿完成数据流通的敏捷监管体系（第七章），徐春梅、洪创业、黄文峰、郑超和高珂完成数据要素流通实践（第八章）。吴志雄和南威团队对全书进行了审阅及修改。

感谢清华大学—南威软件股份有限公司数字治理信息技术联合研究中心、国家自然科学基金重大项目（数据要素的界权、交易和定价机制设计，项目号：72192802）和国家自然科学基金重点项目（数据生产要素的基础理论及其经济贡献，项目号：72342008）对本书的支持。

数据要素市场的培育是一个动态演化和持续迭代的过程，而信任的建立是市场建设的关键一步。信任的注入需要技术与制度共同发力，形成可信的流通模式，辅之以全流程、全方位的敏捷治理体系，最终有望激活数据要素市场的“一池春水”，充分释放数据价值，赋能实体经济高质量发展。期待本书能够帮助数据要素市场参与者厘清发展方向，为读者提供实用的指导与参考。

编　者

2023 年 12 月

第一章　数据要素的理论基础

第一节　数据要素流通的必要性

数据是数字经济的关键生产要素与核心资源，它与其他生产要素深度融合，赋能传统产业，对经济增长产生乘数倍增作用。国际标准化组织（ISO）将数据定义为一种信息的形式化表示，用于交流、解释或处理。

法布迪和费尔德坎普（Farboodi 和 Veldkamp，2020）将数据描述为可以转化为二进制序列的信息。琼斯和托内蒂（Jones 和 Tonetti，2020）则视数据为非“创意”和“知识”的信息部分。《数据要素白皮书（2023 年）》指出数据要素是参与社会生产活动、为权益者带来经济效益的数据资源。数据要素的显著特点在于可复制性和非竞争性，这意味着其既可以通过跨行业、跨部门的互补、流动深度赋能行业产业创造价值，亦可以通过不断的知识积累、迭代创新发挥价值。数据驱动的智慧化、智能化决策可以实现更少的要素资源投入创造更多的物质财富和服务，有助于实现生产率跃升、产业链优化和竞争力重塑。维克托·迈尔—舍恩伯格在其著作《数据资本时代》中提出，数据作为一种新型润滑脂，将给市场带来巨大的能量，深刻改变传统市场严重依赖“价格”并通过货币来实现流通价值的格局。在这样的背景下，数据的流通和价值实现变得尤为重要。

在当前研究中，数据流通对经济增长的重要性和价值被广泛认可。随着数字经济的发展，对数据要素的关注焦点也发生了变化。“十三五”时期，强调数据在组织内部的应用，将其比喻为“钻石矿”；“十四五”时期，提出了“数据要素市场化配置”，增加了组织对外提供和获取数据的视角，进一步强调了数据在流通中的价值增值。党和政府高度重视数据要素交易的可信和安全性，以促进数据要素的合法、合规流通。《中共中央　国务院关于构建更加完善的要素市场化配置体制机制的意见》明确提出“加快培育数据要素市场”。“数据二十条”强调，数据安全是数据要素流通的底线和红线，要求统筹发展和安全，加强数据安全保障体系建设。这些政策的出台为数据要素的流通提供了有力的支持。

然而，与算力和算法行业的如火如荼相比，数据行业似乎有些不温不火。这主要与数据要素和数据流通市场的特点有关。数据在流通过程中面临着一系列的挑战，如数据隐私保护、数据安全性等问题。为了推动数据要素的流通和市场化配置，需要构建可信任、多层次、可追溯、可监管、安全有效的数据要素市场。这不仅有利于数据要素的规范化流通，还能推动数据资源的配置遵循市场规则、价格机制和竞争原则，从而实现效益最大化和效率最优化，以更好地推动数字经济发展，实现经济的跃升和竞争力的重塑。

一、数据要素流通的价值

在数字时代，数据的获取和传输变得异常便捷，导致数据资源已较难被归属于稀缺资源。此时，过度强调独占可能会限制数据资源的充分利用。适度强调数据的公共资源属性，能更好地促进“数尽其用”。数据要素的全生命周期涵盖了数据的生成、采集、存储、传输、分析、交易、消费、分配等多个节点，这些节点都潜在地产生数据价值。米勒和莫克（Miller 和 Mork，2013）提出了数据价值链模型，以数据获取为起点，经历了数据发现、数据整合、数据探索等三个阶段，以辅助决策为终点。数据在这个过程中被不断加工、整合和挖掘，产生了多样化的价值；而数据流通对于数据价值的释放和数据市场的发展起到关键作用。

（一）数据要素对企业、政府的影响

中国信息通信研究院发布的《数据要素白皮书（2022 年）》将数据在企业中的应用途径概括为三次价值释放过程：业务贯通、数智决策和流通赋能。徐翔等（2022）指出数据在提升企业生产效率方面有三个主要实现机制：信息挖掘、协同创新和产品质量提升。数据对业务运转与贯通的支持是实现数字化转型、提高内部管理效率的第一步。数据驱动型决策（Data-Driven Decision Making，DDD）模式的引入，使企业的决策方式从传统的经验型转向科学决策模式，可以实现标准化、自动化管理和运营，从而使决策更加智慧、智能和精准，进而提高资源配置效率和企业绩效（McAfee 等，2012；Müller 等，2018）。数据生产要素还可以鼓励企业间的协同创新，失败尝试所产生的数据和信息对企业也具有重要意义（Akcigit 和 Liu，2016）。此外，企业还可以利用数据了解、适应和预测消费者偏好，以及选择最优的生产技术，从而改善产品质量，进一步提高生产效率（Veldkamp 和 Chung，2019）。

大数据分析也为政府政策决策带来了重要的改进机会，实时决

策、公众参与以及更合理的资源分配将成为可能，从而推动社会福利水平的提高。研究显示，大数据分析能够显著改进政府的政策决策过程（Höchtl 等，2016；Coulton 等，2015）。在大数据分析的支持下，政府可以在政策周期的每个阶段持续评估措施的效果，并利用大数据进行实时情景分析和动态优化；同时还能够通过处理大量非结构化信息，广泛地吸纳公众参与，从而更合理地分配社会资源至需要改进的领域。随着更多数据被预测分析技术转化为有用信息以指导决策，将帮助政府更好地制定有效、精准的政策措施，以实现社会福利的最大化。

（二）数据生产要素与经济增长

在数字经济时代，数据已成为重要的生产要素，对经济增长产生深远的影响。数据生产要素的价值释放不仅在于数据本身，更在于数据的整合、分析和应用。通过数据驱动的知识生产，可以发现新的知识和技术，还可以优化资源配置、提高生产效率，从而为经济社会创造更多的价值。数据与信息通信技术（ICT）产品的有效结合是目前全球经济增长的主要动力之一（Jorgenson 和 Vu，2016）。数据生产要素在驱动知识生产方面起到了重要作用。阿格拉沃尔等（Agrawal 等，2018）构建了一个基于“组合”的知识生产函数，研究知识的产生过程及其对经济增长的影响。数据生产要素通过不断改进大数据分析技术，提高了算法预测有用知识组合的准确度，进而提高了新知识的发现率。这一过程促进了全社会的生产效率，进而推动了经济增长。

根据伯恩和科拉多（Byrne 和 Corrado，2020）的研究，数字服务内容的创新对美国年均 GDP 增速的贡献约为 0.3%—0.6%。研究显示，数字化服务如脸书（Facebook）提供的社交服务对经济的贡献也是非常巨大的，加入消费者剩余后，每年使美国的 GDP 增长平均增加 0.11%（Brynjolfsson 和 Collis，2019；Brynjolfsson 等，2019）。加拿大统计局（2020）通过成本法估计了数据资产的价值，发现自 2005 年起，加拿大在数据资产上的投入年均增长 5.5%，已经成为加拿大拥有的知识产权的核心内容之一。2019 年，欧盟 27 国数据经济价值近 3250 亿欧元，占 GDP 总量的 2.6%。预计到 2025 年，这一数字将超过 5500 亿欧元，占 GDP 总量的 4%。[①] 希捷（Seagate）和国际数据公司（IDC）合作发布的 Data Age 2025 预计，到 2025 年，数据圈可能达到 175ZB，企业之间的安装字节数将占全球总安装字节数的 80% 以上。持续的数字化、新技术的影响以及数字化转型背后的数据驱动型经济是推动增长的几个因素。

综合这些研究结果可以看出，数据要素的参与和投入对于经济增长具有显著影响。随着数字化和数据科技的不断发展，数据要素在经济中的作用将愈发重要。

（三）数据流通与个人福祉

数据流通可以通过增加、更新、量身定制产品和服务等方式，增加消费者的选择、降低价格、增强用户体验等，提供更多创新的产品和服务，从而提高个人福利。数据流通也有利于个人获取信息，增强他们的知识，辅助人类作出更明智的决策。同时，数据驱动的经济不

① European Commission, Directorate-General for Communications Networks, Content and Technology, Cattaneo, G., Micheletti, G., Glennon, M., *The European Data Market Monitoring Tool: Key Facts & Figures, First Policy Conclusions, Data Landscape and Quantified Stories: D2.9 Final Study Report*, Publications Office, 2020.

仅创造了新的行业和工作岗位，还提升了数字技术和效率，改善了在数据分析、IT 服务等行业就业的个人的福利，也有助于推进个人隐私安全技术的改善。此外，数据流通还可以塑造和影响社会观点和社会规范，提高社会治理水平，从而间接影响个人福利。

但是，数据流通可能伴随隐私泄露、数据滥用、网络攻击等问题，可能导致经济损失、社会信任失衡等问题，从而降低个人福利。对社交媒体等数据驱动平台的过度依赖，也会引发心理健康、成瘾和个人福祉的担忧。数据驱动的经济也可能让某些群体、某些区域受益过多，这可能加剧经济社会的不平等（熊巧琴等，2023）。当然，错误、有偏数据的传播会降低社会福祉，甚至可能加剧民族和国家矛盾。

数据及其流通的性质内容、使用方式、监管环境以及个人选择和偏好等诸多因素都将影响到个人在数据流通中的隐私安全、消费者福利等。构建健康良好的数据生态将有利于提升个人在数据经济中的幸福度和安全度。

（四）数据流通与数据生态

数据流通对经济增长的重要性和价值已得到很多研究的证实（Acemoglu 等，2014；Jones 和 Tonetti，2020；Farboodi 和 Veldkamp，2021）。数据的流通能够实现数据在不同业务需求和场景中的汇聚融合，从而实现双赢、多赢的价值利用，促进数字经济时代的发展。在数字化转型和产业数字化的背景下，数据流通需求不断增加，数据要素市场的发展将进一步推动数据的价值释放，为经济增长提供强劲动力。在数据生态系统中，数据的应用和价值与场景高度相关，需要丰富的数据分析能力和深度的行业知识能力相互补充才能充分释放数据的价值。不同的利益相关者可能会处理相同的数据集，但由于提供的能力不同，最终呈现的数据产品或服务存在差异，这导致数据价值存在很大差异（黄成，2023；戎珂、陆志鹏，2022）。因此，数据流通不仅是一种必要手段，还是数据价值放大的重要路径。

数据流通的重要性在大数据时代愈发凸显，数据要素作为数据价值的重要组成部分，其投入和价值释放对于促进数据流通和实现数字经济的发展都具有重要意义。需要持续关注和研究数据流通中可能出现的挑战和问题，以促进数据流通的健康发展和数据价值的最大化。

（五）数据的跨境流通与全球经济增长

随着数字化转型和智能化水平的提高，数据跨境流通对全球经济增长的贡献日益显著，甚至已经逐渐超越传统货物贸易，成为经济全球化和新型信息技术创新的重要引擎。以大西洋海底电缆为例，作为全球最繁忙的信息高速通道，承载着海量的数据，每年的经济价值已经超过 7.1 万亿美元（约 9 万亿欧元）。巨大的价值体现了数据跨境流通在全球经济中的重要地位，对于促进国际贸易、创新和产业发展具有不可替代的作用。数据跨境流通不仅是经济全球化的必然要求，也是构建人类命运共同体的重要基石。数据的无国界性使各国之间可以更加紧密地合作，共享知识和资源，推动科技进步和经济发展。

跨境数据流通带来了诸多好处，也应高度关注其中可能存在的风险和挑战。数据的跨境流通可能涉及数据隐私、安全和知识产权等问题，需要建立起有效的数据保护和管理机制，确保数据的合法、安全、稳定流通。同时，国际社会需要共同合作，制定全球性的数据治理准则，以应对跨境数据流通中可能出现的问题和挑战。只有在全球合作的框架下，才能更好地激发跨境数据流通的潜力，为构建人类命运共同体和促进全球经济繁荣作出更大贡献。

二、我国数据要素市场培育现状

数据要素的价值在数字经济中愈发突出，数据流通是实现其价值释放的重要路径。然而，数据流通市场在我国仍处于小规模探索阶段，面临多方面的挑战与难题。

近年来我国已建立了一些数据流通机构，如贵阳大数据交易所、上海数据交易所和北京国际大数据交易所等，但整个行业仍处于探索阶段，数据流通的法律法规和监管办法尚不完善。虽然国内数据流通机构的数据量逐年增加，但预期的“井喷式”数据流通局面并未出现。由于普遍存在的数据要素特性挑战、技术挑战和制度流通规则不明确等问题，实践中的流通额、流通量和流通频率等方面仍有待改进。截至 2023 年上半年，已挂牌成立或明确正在筹备中的数据交易中心达 40 多家，但大多数平台上的数据产品和交易量较少，数据产品的质量亦参差不齐。同时，非法的数据流通和泄露事件屡有发生。中国互联网协会发布的《中国网民权益保护调查报告（2020）》显示，仅一年内，由垃圾信息、诈骗信息和个人信息泄露等现象导致的经济损失总额超过 800 亿元，人均经济损失为 124 元。

造成以上结果的主要因素在于，数据要素和数据流通不同于传统商品经济的一些特性，以及尚不成熟的数据流通规制和制度设计。这些因素进而造成数据流通主体缺乏信任、流通议价流程不透明、流通机构之间缺乏合作、数据垄断和数据市场分割等问题，阻碍了数据要素的充分流通和中国数据流通的市场化进程。2021 年底，国务院办公厅印发《要素市场化配置综合改革试点总体方案》，其中明确提出要建立起合理高效公平的数据市场流通规则，并且对数据流通范式、数据流通市场提出了相关要求。近年来，伴随着区块链技术、密码学技术和隐私计算技术的发展，以及这些技术在数据流通过程中的创新应用，部分因数据要素特质产生的不利问题得到了解决，但仍然需要从更高的角度审视、思考和构建符合我国国情的数据市场流通体系和规则。

第二节　数据要素及其流通特点

一、数据要素的特点

数据是信息的形式化表现，具有可复制性、部分排他性、非标准化、人格化属性等特点。这些特质赋予了数据前所未有的重要性和潜力，但也引发了一系列与传统生产要素和资产有着本质区别的问题。在数据市场形成发展尚未成熟时，数据市场的各参与主体缺乏信任，机构为保护核心数据谋求竞争优势，导致实际垄断现象，造成数据市场结构性分裂，流通市场建设进程缓慢，阻碍了其健康、公平和可持续发展。

首先，数据资产具有非竞争性且边际成本接近于零。这意味着数据可以被无限分享和复制，且分享和复制数据并不会带来损耗而降低数据本身的价值（Moody 和 Walsh，1999）。这一特性是数据价值的重要体现之一，但同时也给数据可信流通带来了一些影响。数据权益者可能担心数据被违规转售和滥用，因此更倾向于封锁而非分享数据。同时大量数据需求者可能在利益驱使下，选择非法获取和滥用数据。由于数据的复制、转售等行为难以被界定为非法，且数据权益者需要付出大量的规制和监督成本来减少非合意复制、数据泄露等问题，数据流通市场的合法性和规模受到一定程度的挑战。数据的可复制性和难追溯性也极易引发网络流通平台对流通数据的截流、篡改和转售问题，这助推了大数据杀熟、数据泄露等损害消费者利益的行为。这些问题进一步限制了合法数据市场的流动性，增加了数据权益者和使用者的风险和数据市场缺乏信任的问题。

其次，数据资产的部分排他性是数据市场发展的另一个挑战。当数据的规模足够庞大、内容足够复杂和广泛时，尤其在涉及商业竞争的情况下，企业和机构往往选择保护自己的核心数据，而不愿意与他人分享，以获得竞争优势和垄断利润（Raith，1996；Gaessler 和 Wagner，2019）。这在现实中很常见，大多数私营机构都不愿公开自己的数据，即使这些数据的共享可能会创造巨大的经济社会价值。这种排他性使许多数据资源公司不愿意将数据进入流通市场，以获取更多的垄断利润，从而导致数据市场的流动性降低，难以实现健康公平的发展。

再次，数据要素还具有人格化属性，这使数据流通更加复杂。人格化属性产权是指与持有者的人格紧密相关的产权类型，与之伴随的常常是较高的禀赋效应（Thaler，1980），这会导致人们对其拥有的物品的价值评价超出公允的市场价值。数据中常包含个人信息和隐私等高人格化属性的内容，导致个人对自己的数据拥有更高的价值评价，不愿意参与经济流通。

最后，数据的其他特性也给数据流通带来安全脆弱性。除去数据具有可被无限、低成本复制和分享的特质，数据还具有可整合性和非标准化的特点，数据集可以拆分、组合、调整形成不同的数据产品，数据流通容易产生争议且难以取证（熊巧琴、汤珂，2021）。同时，数据流通的信息属性存在“信息悖论”问题（Kerber，2016）。购买方在数据流通前往往不了解数据的详细信息，一旦了解，就不再需要继续购买数据，这对数据流通造成一定的阻碍，无法实现“一手交钱，一手交货”。

数据的这些特殊特点，以及数据的隐私性等因素，使数据市场面临着信任危机，阻碍了数据的有效流通和共享。

二、数据要素流通的特点

数据流通的安全脆弱性和信任缺失是一个长期存在且备受关注的问题。数据要素流通还面临诸多挑战，包括数据隐私安全、产权不明晰、数据定价和处理市场碎片化、应用场景不确定、技术架构单一不灵活、技术与场景不适配、管理制度和技术不完善等。为避免数据要素出现“柠檬市场”（Heckman 等，2015），结合数据要素和流通的特点，完善数据要素合规可信流通中的技术和管理，对促进数据要素可信流通至关重要。

数据的隐私性问题增加了数据市场的不信任。数据包含大量敏感信息，涉及个人隐私和商业机密等重要内容，因此数据持有者担心将数据分享给他人可能会导致数据泄露或滥用。这使数据持有者更加谨慎，不愿意将数据开放给其他机构或个人，从而造成数据市场的壁垒和孤立。根据希特里（Kshetri，2014）和詹森等（Janssen 等，2017）的研究，大数据（包括从移动设备中获取的点击流数据和 GPS 定位数据等）的广泛应用提高了企业发现欺诈行为和精准预测短期市场的能力，但也可能导致消费者遭歧视、消费者隐私受侵犯等问题，而消费者所获得的补偿却微乎其微。因此，在数据要素流通过程中，隐私安全成为可信流通的重要考虑因素之一。

数据要素的流通和使用涉及供应方、需求方以及流通服务机构等多个参与者，其中，每个主体的资质和合规性对于确保数据流通的可信度至关重要。在数据要素市场的构建中，数据流通中介扮演着关键角色。它们不仅提供了操作规范、安全性高的数据流通平台，还负责建立完善的数据资产评估、登记结算、撮合交易和争议解决等市场运营机制，有些数据流通中介机构还致力于提供涵盖数据和相关算法的存储、搜索、交换以及托管等多种服务的通用平台（Muschalle 等，2013；Spiekermann，2019）。同时，这些中介机构的存在也为数据流通市场的健康运行提供了监督和管理机制，为市场参与者提供了信任保障。当前我国的数据流通平台多为中心化平台，主要作为流通中介或数据分析处理中心。很多平台采用“会员制”的市场进入模式，导致海量数据资源未能得到有效激活，限制了数据的流动效率和流通规模。对于数据流通服务机构来说，应用场景不定、技术架构不足、管理制度不善等问题大量存在，导致数据流通过程中安全风险的管理变得困难。

数据流通过程中常常出现信息不对称现象，其导致的不信任问题体现在数据流通的多个环节。

首先，数据持有者通常掌握着数据的详细信息，而数据购买者或需求者往往无法全面了解数据的质量、准确性和来源等关键信息。买方亦可能担心流通的数据不合法，包括数据来源的合规性、数据的合法使用范围等，使其在使用数据时可能面临法律风险（Spiekermann

等，2015；Gupta 和 Rohil，2020）。这种信息不对称导致了数据流通前的不信任，使数据持有者不愿意流通数据，而数据购买者则对数据的可信度产生怀疑，从而影响了数据的流通和交易。

其次，买方可能担心收到的数据不符合约定内容，存在数据质量问题或数据与实际需求不匹配，从而影响数据产品的实际应用价值。监管方（流通所）则担心流通的数据可能含有非法内容，例如涉及隐私、商业秘密或国家机密等敏感信息，这可能导致数据流通违规，损害个人隐私和企业利益，甚至对国家安全产生威胁。同时在数据传输过程中也可能遭受诸多与硬件环境相关的安全风险，例如病毒、恶意攻击等（Goel 等，2021）。

最后，在交易达成之后，卖方担心买方可能未经许可，私自将其购买的数据转售或倒卖，导致数据的不正当流通和未授权使用。这种情况可能损害卖方的权益，造成数据资源的流失和不当竞争。卖方同样也可能担心一些买方非主观因素造成的数据使用风险，例如数据泄露导致数据伪造或篡改、模型参数和服务器攻击等（Sun 等，2021）。

数据流通中的不信任问题导致多方参与者对彼此产生疑虑，使数据流通过程变得复杂和困难，限制了数据市场的发展和数字经济的健康成长。为了解决这些不信任问题，需要采取一系列措施来建立数据流通的信任机制。只有建立起良好的信任关系，数据流通才能更加顺畅并实现可持续发展，为数字经济的蓬勃发展提供有力支持。

三、数据要素流通对市场规范化的需求

促进数据要素流通规范化和可信流通，有利于培育我国数据要素

市场、挤压数据黑市流通并释放数字经济潜力，这体现在构建多层次市场流通体系，考虑数据多样性，区分流通标的和方式；应用区块链技术强调数据流通的可追溯性，确保数据权益和减少纠纷风险；加强数据隐私保护技术，制定分类分级保护标准，并规定数据流通的使用范围；积极推动数据跨境流通，维护数据主权，参与国际规则制定；基于“场景性公正”原则，完善数据监管和治理体系，充分利用技术算法提高监管效率（汤珂、熊巧琴，2021）。

构建多层次市场流通体系。在构建数据流通体系时，需要充分考虑数据的多样性。数据并非单一的标准商品，而是具有多种形态的资源。相同的原始数据可以通过组合、拆分和调整形成新的数据，因此，数据流通应该呈现多层次的市场流通体系。在不同类型和场景下，应适用相应的流通规则。多层次的市场流通体系可包括跨境、全国或地区级的数据流通所、流通平台等，同时流通的标的也可以是原始数据、脱敏数据、数据报告、计算结果、查询服务、定制服务或数据金融产品等。流通方式可以采取购买、租赁、拍卖、抵押等多种形式。此外，数据还可以分为完全开放、不完全开放和绝不开放的不同类型。对于不完全开放的数据，其处理和使用应根据数据的特性、用途、监管难度以及其关联数据的隐私成本等因素，制定相应的脱敏级别、使用限制和处理规范。

强调数据流通的可追溯性。数据的可复制性，使数据一经流通就不再是卖方独有，若双方产生流通纠纷将致使卖方承担较高风险。为避免这些隐患，需要一定的技术和制度，用于记录、追溯数据流通的事前磋商与验证、流通流程和数据触达情况等。因此，可追溯性是数据可信流通的核心。在这方面，区块链技术提供了一种有效的解决方案。区块链的时间戳和共识机制可避免数据流通过程中的篡改，数据权益者可以通过区块链的时间戳证明其合法权属，并追溯非法行为。另外，将数据流通的款项质押与争端解决机制纳入区块链架构设计，不仅能运用智能合约实现流通款项自动划拨，还能依照链上证据进行在线仲裁甚至是自动判决。

切实保障数据安全。数据流通过程中存在隐私泄露的风险，而流通平台可能出现的截流、篡改和转售行为进一步加剧了数据安全问题。因此，必须在数据的产生、加工、使用和流通等各个环节通过多种方式加强数据隐私保护。制定针对性强、多层级、差异化的数据隐私保护和安全防护措施是其一。充分开发以密码学为基础的多方安全计算、联邦学习、隐私计算以及可信硬件等隐私保护技术手段也相当重要，这有利于平衡数据安全性和使用性能，保证数据不外泄的同时，实现数据的合法获取与开发利用。同时提倡数据流通保护义务衍生的原则，可在流通合同中规定数据的使用范围和禁止用途，增进数据卖方对直接买方的监督义务。

积极推动数据跨境流通。数据跨境流通有利于促进企业创新和产业迭代升级，数据的获得和使用也在一定程度上影响着一国的经济发展前景和国际政治地位。积极参与或主导数据跨境流通规则的制定和监管，有助于我国维护数据主权和保障国家利益。同时，需要协调不同国家和地区的数据保护程度，以确保数据跨境流通的质量和安全。另外，跨境流通对数据安全的预防、取证、执法和救济等方面也提出更大挑战。因此，在重视全球数据的功能价值的同时，还应坚定不移地维护国家数据主权，确保跨境数据的有序流通。

完善数据监管和治理体系。数据监管和治理是数据流通和共享中不可或缺的部分，是维护各数据主体权益的有效保障。需要对不同类型、对象、用途和风险的数据和实体进行有层次、分重点的监管，并制定相应规则和对策。同时，利用人工智能、区块链、智能合约等技术算法，充分发挥其实时触达性、不可更改性、分级权限控制性和自动执行性等特性，可以提高数据监管的效率。此外，还需建立完善数据要素市场的事中事后监督和仲裁等法律法规体系，构建可信任、可追溯、可监管、安全有序的数据要素市场及其配套制度。

第三节　数据要素流通的理论基础

一、数据要素与信息摩擦

数据要素的广泛合理流动对缓解信息摩擦、市场摩擦等问题具有积极影响，建立健全的数据可信流通机制将进一步推动数字经济的发展（Acquisti 等，2016）。其中，信息摩擦指获取、处理和解释信息相关的困难和低效率，主要原因包括各方之间的信息不完整或不对称、信息错误、收集信息的搜索成本高或处理和理解可用数据的复杂性等。市场摩擦包括一系列更广泛的障碍，阻碍市场以完全有效或竞争的方式运作。除去信息摩擦，市场摩擦还可能包括交易成本（如费用或税收）、监管障碍、地理或基础设施限制以及不完全竞争（如垄断或寡头垄断）。在经济背景下，信息摩擦和市场摩擦可能导致决策不理想、市场效率低下，甚至市场失灵。

数据流通和数据分析有利于降低信息不对称与信号传递成本。研究表明，大数据分析有利于减少金融贷款市场的信息摩擦（Yan 等，2015）。随着信息和通信技术的不断突破，基于大数据的金融科技已经成为贷款行业的重要驱动力，帮助企业更先进和丰富地收集、呈现和评估信用信息，从而大幅降低信用数据的检索成本。法布迪和费尔德坎普（2020）研究指出，金融部门中数据共享可以在需求冲击时协助投资者抵御风险，金融分析也从过去主要关注企业基本面盈利能力，转变为更多关注获取和处理客户需求。

不同类型的数据流通市场在降低数据流通市场摩擦方面的表现不同。其中，数据要素交易市场分为三种类型：单边市场、集中式双边市场和分散式双边市场（Zhang 和 Beltran，2020），集中式双边市场通常也称场内交易场所。通常而言，合法的场内交易和场外交易均旨在促进数据流动、推动数据要素的流通。单边市场和分散式双边市场由于分散性、自由化，流程和法规约束以及受监督可能性相对较低，短期内对于数据供方和需方的合规要求较低，这也是大多数数据流通参与者青睐分散式交易的主要原因。集中式的数据流通场所虽然提供了数据流通的平台和渠道，但对于许多数据持有者而言，参与数据流通场所的近期投入与远期收益之间存在一定的不确定性。一方面，参与集中流通市场时，数据持有者初期需要投入较大的资源和精力，包括但不限于数据隐私保护、数据安全管理、知识产权保护等，以确保数据流通的合法合规性。这些合规要求需要数据持有者投入较高的固定成本，包括技术设施的建设、人员培训和合规审核等方面的支出。另一方面，由于市场认知度和规模可能尚未完全成熟，数据持有者可能难以准确预测长期和远期的收益。因此，政府和监管机构可以制定相应的支持政策，帮助数据持有者降低合规成本和风险，同时鼓励数据流通场所提供更加稳健和透明的服务，以提升数据持有者参与的积极性和信心，降低数据市场在长期发展中的信息摩擦。

二、信息属性和信息悖论

数据流通存在着“阿罗信息悖论”（Arrow，1963）。数据作为一种特殊的资产，其信息属性使得在交易完成之前，数据需方不“见”数据便不能了解数据价值；而如果数据的全部信息在交易前被完全揭示，那么数据对于需方将变得毫无价值，需方可以直接获取数据所包含的信息而无需支付费用，从而导致数据供方无法从数据流通中获得合理的回报。这个悖论源于数据的信息载体属性，导致数据供方在交易前不愿向需方展示完整数据，从而产生了一系列的信任障碍。数据供方往往选择在交易前只展示部分数据信息，而将完整的数据信息保留。通过截取和提供部分数据信息，需方可以部分明确数据的潜在使用价值，同时供方也避免了信息被未经授权的需方使用。

由于信息悖论的存在，数据流通的事后评估与事前评估往往可能出现较大差异。数据流通中的信息不对称使得数据需方在做出购买决策时难以获得足够的信息支持，难以做出准确的事前评估。在数据流通完成后，需方可能发现数据并未完全满足其预期或需求。由于数据的全部信息已经被需方掌握，需方无法实现“退货”，即无法回到交易前的状态重新选择。这使得数据需方可能在交易完成之后陷入被动的境地，不得不接受不符合预期的数据产品，从而导致资源和时间的浪费。

“阿罗信息悖论”是数据流通中的一个重要信任问题，影响了数据流通的公平性和数据流通的效率。为解决这一问题，需要建立数据流通信任机制，加强监管角色的作用，同时引入透明度、数据验证、事后追责等机制，有效增加数据流通的信任和透明度。

三、科斯定理与不完全契约

科斯定理认为当交易成本为零时，产权的初始界定并不影响最终的分配结果，市场会自动有效地调整配置（Coase，1960）。科斯定理的隐含前提一直是学界讨论的重点。首先，市场交易在本质上是伴随成本的。市场的自动调节功能在面临成本时可能失效，尤其是在数据流通中。一方面，消费者在维护个人数据产权的过程中，存在“搭便车”、高谈判成本等问题；另一方面，明确产权也可能导致消费者高估数据价值，不愿意参与流通，从而影响数据流通的健康发展。其次，科斯定理认为不同市场参与主体对同一资源的生产价值有所不同，因此应该将产权赋予最富有生产力的主体。然而，这里忽略了界权的成本，即谁来确定最富有生产力的主体并赋予其产权（凌斌，2010）。数据流通作为一种市场交易，也伴随着一定的交易成本，如交易的监督、执行和维权成本等。这些成本在数据流通中可能会对契约的完全性和有效性产生影响。尤其是在数据流通中，市场的自动调节功能可能因为存在成本而失效，导致契约不完全性的问题凸显。

契约理论包含完全契约和不完全契约。完全契约假设在契约签订之前，当事人能够预见所有可能情况，并在契约中明确规定各种情况下的权利和责任，以确保在任何情况下都能实现最优结果。不完全契约的核心特征在于，在契约签订时并未将所有可能的情况和权责完全规定，因而主张在契约中只规定必要的基本条款，而对于不确定的情况，双方可以在数据流通过程中进行再谈判，以达成最优解决方案（Grossman 和 Hart，1983；Hart 和 Moore，1990；杨瑞龙、聂辉华，

2006）。预见成本（当事人因有限理性而无法预料到所有可能的情况）、缔约成本（当事人以无争议的方式签订合同的成本）和证实成本（第三方考证合同中重要信息的成本）是不完全契约的重要原因（Tirole，1999）。这些成本在数据流通中十分常见。由于数据流通中存在信息不对称、不确定性、不可追溯性等问题，契约的完整性往往是不现实的。数据流通中很难在事先签订合同时，将所有可能的情况和权责完全规定。数据流通的当事人可能面临信息缺失、潜在风险和意外事件，这些都增加了预见成本、缔约成本和证实成本，从而提高了数据流通契约不完全性的可能性。

在数据流通中，成本往往是不可忽视的。数据流通中的信息不对称和不确定性使契约难以完全规定各种情况下的权利和责任，从而使不完全契约理论成为解决数据流通中契约问题的有力工具。为了促进数据流通的发展和保障交易各方的权益，需要结合不完全契约理论和科斯定理的思想，设计适应数据流通特点的合约机制和市场规则。通过降低交易成本、完善契约执行机制以及建立可信任的数据流通平台，可以有效应对数据流通中的不完全契约问题，推动数字经济的健康发展。此外，借鉴科斯定理的思想，从产权和其他制度设计等角度入手，减少数据流通中的成本，确保数据流通的公平、透明和高效进行，有利于最大限度地释放数据经济的潜力。

四、数据的三权结构性分置

组织和个人可以将自己拥有的数据进行销售或许可，而其他组织则可以购买这些数据来获得洞察力和决策支持。这样的市场机制使数据能够在合理的条件下进行流通，而数据成为资产的前提在于主体控制的资产在未来有产生经济收益的可能性，且该收益是不拥有该资产的企业所不能取得的经济利益。数据资源的三权结构性分置制度，即持有权、使用权和经营权则为数据资产的形成、使用、管理和流通提供了基础制度保障（黄丽华等，2023）。

数据具备提升企业未来利益的潜能，但需要考察数据质量、与企业业务的相关性、是否具有应用场景及在该场景下能否创造收益等因素。熊巧琴、汤珂（2021）研究指出，在满足未来可获取收益、持有者可以排他性享受所持有数据资产的收益，且该数据凭借过往交易（含合约等）合法获得，合法数据持有者所持有的数据才属于该持有者的数据资产。这意味着企业的资产不仅要有价值，还要在一定程度上具备排他性，数据产权则构成了企业获得数据资产排他性的主要依据。

“数据二十条”提出“建立数据资源持有权、数据加工使用权、数据产品经营权等分置的产权运行机制”。持有权，是指对数据资源行使自主管理的权利，特别是防止他人非法侵犯、爬取或其他干扰数据持有的权利。使用权，是指在授权范围内以各种方式或技术手段加工、分析等开发使用数据的权利。经营权，是指通过许可使用、转让和设立担保等方式处分数据的权利。数据持有权可区分为“原始持有”和“继受持有”，在数据管理和交易中扮演着重要的角色。

原始持有是指企业在生产经营过程中通过合规采集等方式初次形成对数据的持有权益。一般原始持有者对数据享有私益性的权能，这意味着原始持有者可以自由地运用数据来获得益处，比如用于企业的决策支持、产品改进、市场分析等，从中获取商业价值。继受持有是指企业对数据的持有是通过授权得到的。这种获得可以通过合同、许可协议等方式，即由权利让渡时所签订的合同条款所规定。继受持有者的权利往往受到权利让渡时的合同约束，合同中可能会规定数据的使用目的、范围，甚至可能限制转售或经营数据的权利。因而，继受持有者的控制权相对有限，因为其行为受到合同约束，只能按照合同规定的方式使用数据。特别地，如果企业对于数据的持有权是他益的，例如，互联网数据中心提供数据存储和托管服务，此时对数据的持有并不构成以获益为目的的控制，数据中心也不享有对数据的使用权和经营权。

数据持有权和使用权意味着合法数据持有者在法律和合约许可范围内，对数据资源有着自主、排他性的管理和使用权，可以保护其竞争性数据权益。而数据经营权则进一步扩展了企业的数据权能和财产空间。数据持有者通过行使经营权，将数据的权利再次转移给第三方时，应当符合“场景性公正”原则，第三方应在合理的场景下使用数据，这一点可以在转让合同中写明。经营权的行使使得企业进一步提升数据的使用价值和经济收益。

数据资源的持有权、使用权和经营权的三权结构性分置制度，为市场主体提供了数据的使用、获利、管理、流通的权力和保障。充分认识、保护和利用数据权益人的这些权能，对于数据市场发展至关重要。

五、数据资产估值

数据要素的价值路径可分为数据要素资源化、资产化和资本化三个阶段(杨铭鑫等,2022)。在数据要素资源化阶段，需要数据提供者、收集者、清洗者、标注者、分析者等市场主体投入管理、技术和资本等其他生产要素。数据要素的资产化则包括数据的确权、评价等环节，并通过应用于实际生产业务、产业化应用使数据产生经济价值。数据要素的资本化阶段则是将数据要素赋予金融属性，以股权化、证券化等方式运作，实现保值、增值和流通。数据资源化、资产化和资本化这三个阶段都可能产生数据价值评估需求。

在实践中，数据资产的“场景化应用”是一个备受关注的问题，涉及为那些尚未明确应用路径的资源型数据资产提供最适宜的应用场景。与此同时，数据资产的特征和评估目的对评估的价值类型有着重大影响。例如，如果评估的目的是支持交易，且存在相应的资产市场，那么应当选择交换价值，即在自由和理性的买卖双方交易下，数据资产在评估基准日期的经济价值。如果面临的是数据资产使用权或经营权的许可转让，那么可以选择在用价值，即根据数据资产的使用方式和场景，评估对所服务项目的经济贡献。如果评估的数据资产是免费或以极低成本提供的，并应用于公共服务目的，那么应当考虑社会价值或公共效益等非货币化的价值类型。

在资产确认阶段，包括登记、质量评价和价值评估等环节，不仅要考虑资产的可变现性，还需要综合考虑成本、应用场景、折旧率和风险等多个维度。在会计意义上，只有数据资产有一定排他性，且获得了数据加工使用权或产品经营权的实体，才对该数据资产拥有控制权和收益权。鉴于数据在技术和内容属性上与专利权等无形资产有较多相似之处，在研究数据资产的货币化价值评估方法时，通常会借鉴无形资产评估方法，例如，重置成本法（从待评估数据资产在评估基准日的重置成本中扣减价值损耗得到数据价值）、收益法（估计未来数据资产产生的业务收益，并考虑资金的时间价值，将各期收益加总获得数据价值）、市场法（根据市场已有可比数据交易价格，以差异作为修正评估数据价值）等。[①]

数据资产的价值和其开发出的数据产品的价格极为相关。数据产品的价格确定遵循一系列基本原则和特性原则，如反映买家效用、最大化卖方收入、公平分配收入、无套利、隐私保护和计算效率等（Goldberg 等，2001 ；Pei，2020）。各种定价方法体现了这些原则的平衡和融合。例如，线性规划方案可实现卖方收入最大化、无套利和公平分配，而随机抽样拍卖可促使价格反映买家效用。不同定价方法需根据数据产品的具体情况进行选择。除去数字产品（如电子图书、数字音乐等）常见的定价方式，按离散单位计价、按使用量和时长计价和混合定价等，拍卖机制、差异化定价、定制化服务等，也是数据产品应对信息不对称和买方异质性的主要定价方式选择。综合运用跨学科研究方法，可帮助推进全面、综合的数据产品定价（欧阳日辉、杜青青，2022）。

① 关于数据资产的详细评估方法可以参见汤珂主编：《数据资产化》，人民出版社 2023 年版。

第二章　数据要素市场

正如资本、劳动力、土地等传统生产要素需要借助资本市场、劳动力市场、土地市场才能实现流转一样，数据要素的流通也依赖专门市场。数据要素市场建设是促进数据要素价值开发、刺激数字经济增长的基础环节。本章将介绍数据要素市场的概念、模式、体系，梳理数据要素市场的相关政策法规，并从供给侧、需求侧、流通侧三个角度介绍数据要素市场的参与主体。本章也对数据要素市场建设面临的困难进行了总结，强调数据要素可信流通生态体系建立的重要意义。

第一节　数据要素市场概述

一、数据要素市场的概念与内涵

中国信息通信研究院发布的《数据要素白皮书（2022 年）》将数据要素市场定义为：以数据产品及服务为流通对象，以数据供方、需方为主体，通过流通实现参与方各自诉求的场所，是一系列制度和技术支撑的复杂系统。

解析数据要素市场的概念，归纳其主要特征如下：第一，数据要素市场的标的物不仅包括数据产品，也包括数据服务，可以在数据要素市场上进行交易的包括但不限于原始数据、经加工的数据集、数据结论、数据解决方案等形式；第二，数据要素市场的参与者以数据供方、数据需方为主，围绕供需双方数据流通过程，还培育出了以数据加工服务商、数据质量评估商、数据资产评估服务商为代表的各类商业主体，他们共同服务于数据产品及其服务的流通交易；第三，数据要素市场的初衷和使命在于满足相关主体数据流通的需求，促进数据要素的安全有序流动，从而发挥数据要素的价值，赋能数字经济的发展；第四，数据要素市场不只是数据流通交易的物理场所，还是各主体间相互关系的总和，数据要素市场由支撑数据要素流通的机构、程序、基础设施等一系列要素构成，是集政策、制度、技术等于一体的生态系统。

数据开放、数据共享与数据交易，是数据要素市场上存在的三种流通形式，主要划分依据在于数据的流动方向以及是否涉及资金的流动。数据开放是数据供方无偿向数据需方提供数据的行为，目前主要以公共数据的开放和企业基本信息的披露为代表，由于数据开放的主体无法通过提供数据获取经济对价，开放数据的行为主要受到社会效益和公益属性的驱动。数据共享是不同的数据拥有者之间相互、无偿提供数据的行为，在数据共享中，数据供方同时作为数据需方而存在，通过共享实现数据的互通有无，打通不同主体间的数据壁垒，从而促进政府、企业业务的开展。数据交易则是数据供方有偿向数据需方出售数据的行为，是数据供需双方以数据产品或数据服务为交易对象，以货币或货币等价物为媒介进行的商品交换，也是数据要素市场未来最主要的流通形式。数据要素市场的建设，应该兼顾数据开放、数据共享与数据交易三种流通方式，允许通过多种途径促进数据流通与使用的最大化，结合不同主体数据的具体特征，形成多层次的数据

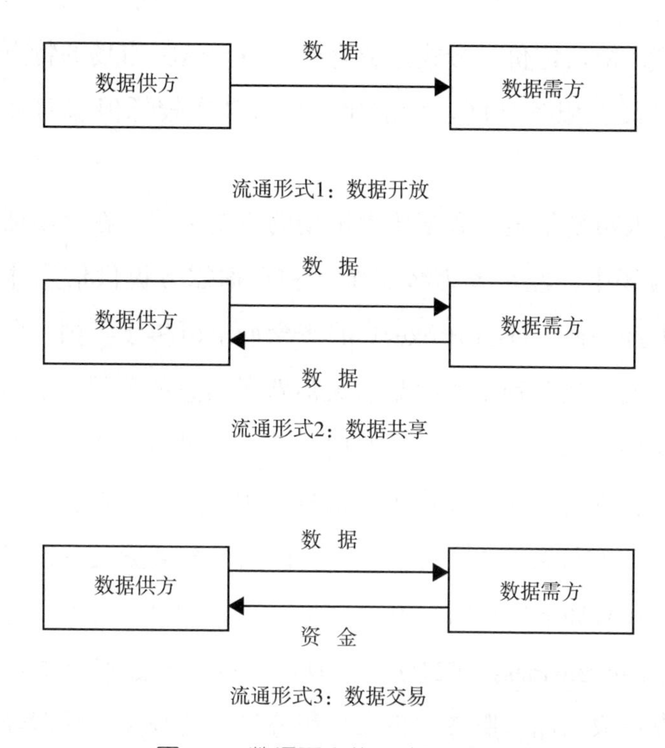

图 2-1　数据要素的三种流通形式

市场体系（见图 2-1）。需要指出的是，本章所述数据要素市场，主要关注数据交易这种流通形式。

二、数据要素市场的四种模式

根据滋维·博迪等（2017）的理论，要素交易市场的模式主要有四种类型：直接搜索市场（Direct-Search Market）、经纪人市场（Brokered Market）、交易商市场（Dealer Market）和拍卖市场（Auction Market）。围绕这四种交易市场模式，数据要素市场逐渐发展起来。

直接搜索市场是数据要素流通的早期形式。由于该类市场的组织性较低，数据供方和数据需方需要耗费较多精力搜寻交易对手，通过谈判、协议定价等方式达成合作关系。这类市场的特点是流通的数据产品及服务高度非标准化、交易频次较低但双向合作关系稳定。

经纪人市场是美国数据要素市场的主要模式。在交易活跃的数据要素市场中，经纪人为数据供方和数据需方提供信息并撮合交易。数据经纪商（Data Broker）的概念最早诞生于美国，所谓数据经纪商，就是从各种来源收集有关消费者信息的公司，汇总、分析和共享原始信息或衍生信息，并向与消费者没有直接关系的个人或企业出售、许可、交易或提供该信息，用于产品营销、验证个人身份或检测欺诈行为等。① 目前，在美国的数据要素交易市场上，数据经纪模式有如下三种组织形式：第一，“消费者—企业”分销模式（Customer to Business，C2B），即消费者将个人数据提供给数据经纪人，以换取商品、服务、折扣、积分等对价利益，数据经纪人随即汇聚起大量的个人数据并将其打包转售给数据需方的模式。第二，“企业—企业”集中销售模式（Business to Business ，B2B），即数据经纪人以中间商的身份为数据供方和数据需方提供交易撮合服务。第三，分销集销混合模式（B2B2C），数据经纪人一端联系消费者，一端联系企业，该模式在美国数据要素交易市场中扮演着越来越重要的角色（王丽颖、王花蕾，2022）。根据李金璞和汤珂（2023）的研究，数据经纪商主要功能体现在信息搜寻、交易匹配、中介担保和生态协同上。

交易商市场是我国数据要素市场的主要模式。交易商市场以平

---

① Federal Trade Commission,“Protecting Consumer Privacy in an Era of Rapid Change: Recommendations for Businesses and Policymakers”, https://www.ftc.gov/reports/protecting-consumer-privacy-era-rapid-change-recommendations- businesses-policymakers.

台为基本特征，数据供方、数据需方通过数据交易平台完成数据的流通。在我国，自 2014 年贵阳大数据交易所成立以来，以数据交易所为代表的数据交易平台陆续发展起来。然而，早期建立的数据交易所大都处于关停或空转的状态（黄丽华等，2022），这与数据要素的特征和其交易固有的天然脆弱性密不可分，后文中我们将详细论证数据要素市场建设面临的难题。近几年来，各地再次掀起建设数据交易中心的热潮，利用新一代交易技术的新型数据交易所如北京国际大数据交易所、上海数据交易所等应运而生。新形势、新背景下，数据交易所的规模化发展仍然面临着数据交易规则制度缺失、数据有效供给缺乏、数据需求精准对接困难、数据安全合规风险较高等问题的限制，我国数据要素的交易商市场活跃度仍然有待提高。

拍卖市场在国内外的数据要素交易市场中还暂未独立发展起来。数据拍卖市场的一个显著优势是无须在事前寻找数据需方的最优交易报价。可以预见，针对那些稀缺性强、价值巨大的数据产品和服务，采用拍卖的方式便于实现数据资源的最优配置。数据拍卖市场作为其他三类要素交易市场模式的补充，在数据流通方面具有较大的潜力，关于数据拍卖的理论和实践有待进一步挖掘探索。

三、数据要素市场的体系建设

（一）一级市场与二级市场

根据数据要素流通全生命周期的环节和数据要素进入市场的顺序，可以将数据要素市场划分为一级市场与二级市场。类比股票、证券等资本市场中一级市场和二级市场的架构，数据交易生态中也存在两级市场体系。其中，与数据资源、数据资产相关的市场是一级市场，也即发行市场或初级市场，解决的是将数据资源变为数据资产，从而进入交易市场的问题，一级市场主要进行的是数据的采集、存储、开发、登记、确权等事项（欧阳日辉，2022），通过授权、许可实现数据及其相关权利的流转；与数据产品、数据服务相关的市场是二级市场，也即流通市场、交易市场，解决的是数据的价值发现、深度加工组合、价值增值问题，通过产品与服务的流通交易充分释放数据要素的经济价值。

关于建设数据一级市场与二级市场的方案在我国已逐步试点落地。2021年7月印发的《广东省数据要素市场化配置改革行动方案》提出，要建立协同高效、安全有序的数据要素流通体系，培育两级数据要素市场结构。广东省的两级数据市场建设方案是从政府和市场、公共数据和其他社会数据的角度出发，在合理界定政府和市场的关系中划分出一级市场和二级市场的功能。其中，一级数据要素市场以行政为主导，通过首席数据官等制度实践，重在发挥政府的数据要素配置职能，主要是数据产权保护、数据资产合规登记、公共数据依法有序开发利用等，为数据进入流通交易环节创造条件。二级数据要素市场以市场竞争为主，通过培育数据交易所、数据经纪人、数据服务商及第三方专业服务机构等多元化数据流通生态主体，发挥市场在数据要素资源配置中的决定性作用。

此外，在主流的两级市场划分外，也有部分学者提出了数据要素三级市场体系建设方案。例如，陆志鹏（2022）依据交易标的物的不同，引入数据要素流通的“中间态”，构建起“数据资源—数据元件—数据产品”三级市场结构。在数据资源市场上，通过对原始数据的交易，数据持有者将数据用益权转移给数据运营服务中心。根据申卫星（2020）的研究，此处数据用益权的积极权能主要是指数据控制权、数据开发权、数据许可权、数据转让权等。数据运营服务中心联合被授权的数据元件开发商，针对原始数据进行加工，形成兼具安全属性和价值属性的标准化数据元件，从而在数据元件市场上进行出售。另外，中国信息通信研究院提出了“数据登记—数据产品—数据衍生品”的三级数据交易市场构想，数据登记市场主要实现数据资源的归集和登记确权，数据产品市场主要流通数据的加工使用权，而数据衍生品市场重点流通数据要素的算法、模型等应用或服务，实现数据要素的资本化、价值增值和深层次开发利用。

（二）场内市场与场外市场

根据数据要素流通是否在数据交易所内发生，可以将数据要素市场划分为场内市场和场外市场。“数据二十条”强调，要构建场内场外相结合的交易制度体系，规范引导场外交易，培育壮大场内交易，推进数据交易场所与数据商功能分离，鼓励各类数据商进场交易。场内集中交易与场外分散交易是数据要素交易的两种基本方式，相比于场外交易而言，场内交易具有几大优势：第一，场内交易解决了数据供需双方的不信任问题，同时维护双方的合法权益。第二，场内交易监管直达且取证公允，全程可追溯，有效减少争议，便于纠纷仲裁。第三，场内交易具有价格发现功能，其形成的数据产品与服务的价格具有较高的采信度。当然，场外交易也具有高灵活性、低交易成本、低门槛、潜在规模大等特点。完备的数据要素市场体系离不开场内市场和场外市场的相互补充，也离不开数据交易所、数据商等数据相关主体的协同发展。

（三）国家级市场、区域性市场与行业性市场

根据数据要素市场覆盖的市场规模、业务范围的不同，可以将其划分为国家级数据市场、区域性数据市场与行业性数据市场。单一类型的数据市场无法有效支撑数据要素的自由、充分流动，为此需要形成国家级数据交易市场、区域性数据交易市场和行业性数据交易市场三类要素市场层级。国家级数据交易市场主要发挥合规监管和基础服务功能，突出其公共属性和公益定位，提供包括但不限于合规认证、登记发布、交易备案、争议仲裁、虚假交易发现和安全监管等服务，在探索交易范式、完善交易机制、搭建运营体系、繁荣交易生态等方面作出贡献，充分发挥和利用超大规模市场优势，集聚和配置全球数据资源。区域性数据交易市场作为多层次市场交易体系的有机组成部分，在实践中摸索形成适合本区域的数据产品和数据服务交易方案，着力发挥推动区域性数据流通的功能，实现区域性数据的开发利用和价值释放。行业性数据交易市场按照行业设立诸如电信数据、金融数据、交通数据等板块，发挥数据富集型行业的优势，形成数据聚集效应。在上述三类数据交易市场各司其职的基础上，通过业务协同有效促进其互联互通，支撑公共、行业、产业等不同类型数据的流通交易。

四、数据要素市场的政策法规

自《中共中央关于坚持和完善中国特色社会主义制度　推进国家治理体系和治理能力现代化若干重大问题的决定》和《中共中央　国务院关于构建更加完善的要素市场化配置体制机制的意见》发布，将

数据列入新型生产要素、强调加快培育数据要素市场以来，我国数字经济建设布局全面展开，数据要素的开发利用及其市场体系建设迅速提上日程，与之相关的政策法规相继出台。

2020年5月11日，《中共中央　国务院关于新时代加快完善社会主义市场经济体制的意见》印发，指出要建立健全统一开放的要素市场，加快培育发展数据要素市场，完善数据权属界定、开放共享、交易流通等标准和措施。

2020年9月21日，《国务院办公厅关于以新业态新模式引领新型消费加快发展的意见》印发，旨在探索消费领域个人数据的交易共享之道，明确提出要安全有序推进数据商用，探索数据流通规则制度，提升消费信息数据共享商用水平。

2021年3月11日，十三届全国人大四次会议表决通过了《中华人民共和国国民经济和社会发展第十四个五年规划和2035年远景目标纲要》。《纲要》第五篇“加快数字化发展建设数字中国”全面擘画了激活数据要素潜能，加快建设数字经济、数字社会、数字政府的蓝图，强调建立健全包括基础制度和标准规范在内的数据要素市场规则，培育数据交易平台和市场主体，发展数据资产评估、登记结算、交易撮合、争议仲裁等市场运营体系。

2021年11月15日，中华人民共和国工业和信息化部出台的《“十四五”大数据产业发展规划》强调，推动建立市场定价、政府监管的数据要素市场机制，鼓励各类所有制企业参与要素交易平台建设，开展要素市场化配置改革试点，探索多种形式的数据交易模式。

2021年12月12日，国务院印发的《“十四五”数字经济发展规划》作为我国数字经济领域的首部国家级专项规划，从强化数据要素高质量供给、培育市场主体和数据交易平台、鼓励市场力量挖掘数据价值等角度，切实为充分发挥数据要素的作用指明了方向。

2021 年 12 月 27 日，中央网络安全和信息化委员会出台的《“十四五”国家信息化规划》提出数据要素市场培育工程，旨在通过加强数据要素理论研究、建立健全数据有效流动制度体系、培育规范的数据交易平台和市场主体，推动数据资源的开发利用和共享流通。

2022 年 3 月 25 日，《中共中央　国务院关于加快建设全国统一大市场的意见》印发，指出要加快培育统一的数据市场，建立健全数据交易流通、开放共享等基础制度和标准规范。

2022 年 9 月 13 日，国务院办公厅印发的《全国一体化政务大数据体系建设指南》提出了“1+32+N”的全国一体化政务大数据体系，鼓励依法依规开展政务数据授权运营，营造有效供给、有序开发利用的良好生态。

2022 年 12 月 19 日，《中共中央　国务院关于构建数据基础制度更好发挥数据要素作用的意见》印发，为做强做优做大数字经济举旗定向、探索定道、功能定位。“数据二十条”强调建立合规高效、场内外结合的数据要素流通和交易制度，以及体现效率、促进公平的数据要素收益分配制度。

2023 年 2 月 27 日，中共中央、国务院印发了《数字中国建设整体布局规划》，强调要畅通数据资源大循环，推动公共数据汇聚利用，释放商业数据价值潜能，建立数据分类分级保护基础制度。

2023 年 3 月 16 日，中共中央、国务院印发《党和国家机构改革方案》，提出组建国家数据局。国家数据局的组建意味着数据要素市场建设迎来历史性时刻，即将进入发展的快车道、新阶段。

可以看出，从数据列入生产要素，再到数据要素市场的宏观谋篇布局，经过几年来的顶层设计、理论研究和基层试点，如今数据要素市场建设已经走深走实，基础制度和标准建设日益细化、可落实。各省市也积极响应国家数据要素市场化配置的号召，陆续出台区域性数据要素市场建设方案、条例。例如，2023 年 6 月，中共北京市委、北京市人民政府印发《关于更好发挥数据要素作用进一步加快发展数字经济的实施意见》，强调统筹优化在京数据交易场所和平台布局，推动构建协同联通、内外并存、辐射全国的数据交易市场。通过提升北京国际大数据交易所能级、建设社会数据专区、允许数据商建立行业数据服务平台等具体举措，着力培育数据要素市场。广东省也在实践中探索开辟了数据经纪人制度的发展路径，开展数据要素市场的流通中介服务，为打通场内场外交易、激活数据要素市场动能提供可复制、可借鉴的经验。此外，上海、重庆、浙江、贵州、福建、河北、山西、陕西、江苏等地，也都陆续出台了促进数字经济发展的相关条例，使得数据要素市场的建设逐步进入合规可信、有法可依的阶段（见附录表 1、附录表 2）。

第二节　数据要素市场的参与主体

近几年来，随着数据要素市场理论研究的不断深入和实践探索的陆续铺开，关于数据要素市场主体的认识也逐渐成熟，发挥消费者、企业、政府等市场经济主体的作用，整合公共数据和个人数据、企业数据等社会数据，构建数据要素交易流通生态体系的任务迫在眉睫。自上海数据交易所首倡“数商”概念后，时隔一年，“数据二十条”

正式从国家顶层设计的高度，提出要培育一批数据商和第三方专业服务机构，服务于数据要素合规高效、安全有序流通和交易的需要。数据商指为数据交易双方提供数据产品开发、发布、承销和数据资产的合规化、标准化、增值化服务的机构。第三方专业服务机构则包括数据集成、数据经纪、合规认证、安全审计、资产评估、争议仲裁、人才培训等 11 个方面的专业化数商。以数据商、第三方专业服务机构为代表的供给侧、流通侧数商和数据交易所，以及数据驱动型、数据使能型、数字化转型的数据需求侧企业，成为数据要素市场的主要参与者。

一、数据要素市场供给侧

国家互联网信息办的统计数据表明，2022 年我国数据产量达 8.1ZB，同比增长 22.7%，全球占比达 10.5%。[①] 由于我国人口基数大、互联网普及率高、物联网设备接入数量多和承载能力较强，我国原始的数据资源规模庞大。然而，大部分数据仍处在闲置状态，数据资源的潜力尚未得到发挥。为了激活数据资源的经济价值，需要对数据进行采集、汇聚、存储、整理、登记、确权、评估，并最终加工形成数据产品和数据服务，由此完成数据资源要素化的过程。这一系列围绕数据要素开发利用进行的服务，离不开专业化机构的参与。以数据要素型企业和其他专业服务商为代表的数商，承担了数据要素市场供给侧的主要任务（见图 2–2）。

所谓数据要素型企业，是指那些直接参与到数据资源要素化过

① 国家互联网信息办公室：《数字中国发展报告（2022 年）》，https://www.cac.gov.cn/2023-05/22/c_1686402318492248.htm。

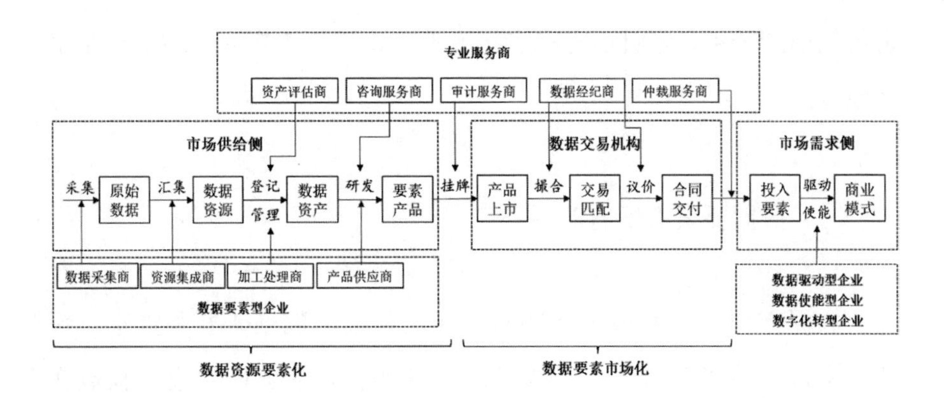

图 2-2　数据要素市场的参与主体

资料来源：李金璞、汤珂：《论数据要素市场参与者的培育》，《西安交通大学学报（社会科学版）》，2023 年第 4 期。

程中、具有数据资源价值创造和实现能力的企业。数据采集商、资源集成商利用数据采集基础设施和数据资源社会网络，为分散的个人数据、企业数据、公共数据等资源提供数据存储、数据集成、数据中台等服务，从而将分散各处的数据资源进行整合，形成数据资源规模优势，为数据的后续开发利用做好准备。数据加工处理商对汇集起来的数据进行清洗、标注、脱敏、结构化等处理操作，形成可供产品开发的干净数据。产品供应商对干净数据进行拆分组合和深度挖掘，研发出以数据集等为代表的数据产品和数据报告、机器学习方案、分析预测等为代表的数据服务。数据采集商、资源集成商、加工处理商、产品供应商等数据要素型企业在数据增值这条价值链上接力参与，将原始数据转化为可以直接参与市场交易的数据要素产品与服务。

数据要素供给侧同样离不开专业服务商。质量评估商从准确性、一致性、完整性、规范性、时效性、可访问性等角度对数据资源进行质量评估。资产评估商对数据资产的价值进行量化评估，为数据资产定价做前期准备。审计服务商利用专业知识提供数据入表后的安全审计服务。

二、数据要素市场需求侧

数据作为一种新型生产要素，在宏观上，数据要素和资本、劳动、土地、技术等传统生产要素的深度融合，能够产生边际收益递增的效果，助力经济实现内生增长；在微观上，数据推动企业决策改善、生产率提升，形成数据“正反馈”（Farboodi 等，2019），带动企业挖掘新产品，提供新服务，开辟新市场，从而塑造竞争优势，实现高质量发展。鉴于此，在数字经济时代，不少企业都积极将数据作为生产要素进行投入，产生了一批数据驱动型企业、数据使能型企业和数字化转型企业。

目前，企业的运营模式经历了从人员驱动、职能驱动、流程驱动到数据驱动的转变（朱丹，2022）。卡尔·安德森等（2021）在《数据驱动力：企业数据分析实战》中谈到，数据驱动指的是创建数据分析工具、培养数据分析能力，依据数据进行决策和行动。麦肯锡咨询公司研究发现，数据驱动型企业将数据植根于企业决策、组织交互和生产过程中。① 通过投入大量数据要素，借助人工智能算法、统计模型等数据分析手段，数据驱动型企业可以实现智能决策、高速迭代、自我进化，从而开辟全新的商业模式。数据使能型企业同样通过数据要素的投入塑造核心竞争力，将数字化解决方案应用到业务流程中，以提升客户体验和市场地位，但其数据驱动程度尚不及数据驱动型

---

① McKinsey, *The Data-driven Enterprise of 2025*, Jan 2022，https://www.mckinsey.com/capabilities/quantumblack/our-insights/the-data-driven-enterprise-of-2025.

企业。

数字化转型（Digital Transformation）建立在以信息数字化为核心的数字化转换（Digitization）、以流程数字化为核心的数字化升级（Digitalization）基础上（陈劲等，2019），在数字技术和数据要素的赋能下，推动技术、业务、人才、资本等资源配置优化，引领组织流程、生产方式重组变革的转型过程。[①] 根据百胜软件零售数字化实践项目的经验总结，数字化转型企业通常需要借助数据要素实现转型五部曲：第一，基础设施云化，即业务系统及业务数据由本地存储向云上迁移；第二，触点数字化，即在与客户的接触中收集业务数据，深入理解并洞察客户需求及偏好，持续优化企业产品与服务；第三，业务在线化，即企业业务系统能够兼顾移动化办公；第四，运营数据化，即从数据的角度出发优化和提升业务效率；第五，决策智能化，即通过数据访问实现业务智能决策，预测业务结果、优化和重塑流程。数字化转型企业数量众多，从传统制造业行业，到教育业、医疗业、金融业等服务行业，都面临着数字化转型的时代机遇，因此，数据要素的应用场景十分广阔。

就数据要素市场的需求侧而言，场景异质性、需求异质性问题应该得到关注。不同的数据需方需要的数据不同，同样的数据在不同的场景下产生的使用效果也不同。数据要素市场的需求侧呈现出高度多样化的特征，怎样有效连接数据供给和数据需求，以高质量供给满足数据需求，从而繁荣数据需求侧生态，成为数据要素市场必须解决的问题。

① 《发挥数字技术赋能效应推动中小企业转型升级》，《经济参考报》2023 年 6 月 20 日。

三、数据要素市场流通侧

在场内交易中，数据供给侧和数据需求侧需要在数据交易所等第三方数据交易机构完成数据要素产品与服务的交易流通；而在场外交易中，供需双方也往往需要借助数据经纪商等辅助完成数据买卖。以数据交易所为代表的数据交易平台和包括数据经纪商、数据交付服务商、仲裁服务商等在内的数商，共同构建起数据要素市场的合规交易渠道。

数据交易所是数据流通交易最主要的平台，主要盈利来源为佣金收取、会员费和增值式交易服务。值得注意的是，仅仅设立数据交易所本身，并不能保障数据要素供需双方正常交易，建设数据要素市场的关键路径在于形成契合数据要素及其流通特性的基础性机制（高富平、冉高苒，2022）。新型数据交易所发挥的主要功能应该包括：核实数据交易双方身份，对交易对象的资质、风险和非法行为予以评估和监督；审核交易标的，保障数据的来源和质量；价格发现与交易撮合；交易备案，实现数据交易的全程可追溯；通过数据交易技术及机制设计减少争议；为监管和争议解决留存原始仲裁证据（汤珂、王锦霄，2022）。结合数据要素的特点，探索形成符合数据要素流通特性的可信交易场所，才能真正打通供需双方的"最后一公里"。

数据经纪商是促进数据交易、匹配数据供需的中介，也被称为数据经纪人。广东省广州市海珠区率先开展数据经纪人试点，将数据经纪人定义为在政府的监管下，围绕重点领域开展数据要素市场中介服务，具备生态协同能力、数据运营能力、技术创新能力、数据安全能力和组织保障能力的机构。数据经纪商的主要职责可以归纳为三个方面：第一，受托行权，即数据经纪商可以经委托后代表数据拥有者行使数据权利；第二，风险控制，即数据经纪商在数据流通交易中发挥中介担保作用；第三，价值挖掘，即充当数据价值的发现者、数据交易的组织者、交易公平的保障者和交易主体权益的维护者等多重角色，深入挖掘数据要素的经济价值。[①] 数据交付服务商则是指将数据方案进行落地的企业，为数据需求方提供隐私计算、联邦学习等产品和服务。由于数据交易往往伴随着不信任和争议，仲裁服务商应运而生，旨在通过区块链交易证据对数据要素市场中的一系列违规行为、侵权纠纷等进行裁决，通过引入第三方机构维护交易的公平公正。

此外，数据要素市场除了应引入上述主体外，还离不开政府管理机构的介入，以制定数据要素流通规则程序，统筹数据要素市场体系建设，着力打击黑市交易、刷单交易等违法行为，执行交易仲裁职能，维护数据流通安全和公平交易环境。

目前，我国还没有形成完备的数商体系，现存的数商在概念、功能上多有交叉重叠，对数商的种类也存在不同认识。在实践层面，北京国际大数据交易所积极探索建立包括数据托管商、数据经纪商在内面向全球的市场中介服务体系；上海数据交易所则持续壮大数据经纪、审计等多元主体；深圳数据交易所首批合作数商已达62家[②]；《全国数商产业发展报告（2022）》则将现有的1920525家数商企业划分

① 零壹智库：《深度起底“数据经纪人”：起源发展、概念对比与机构实践》，https://www.01caijing.com/article/324509.htm。

② 国家工业信息安全发展研究中心：《2022年数据交易平台发展白皮书》，https://dsj.guizhou.gov.cn/xwzx/gnyw/202209/t20220906_76394528.html。

为 15 个类型，包括基础设施提供商、数据资源集成商、数据加工服务商、数据分析技术服务商、数据治理服务商、数据咨询服务商、数据安全服务商、数据人才培训服务商、数据产品供应商、数据合规评估服务商、数据质量评估商、数据资产评估服务商、数据经纪服务商、数据交付服务商，以及数据交易仲裁服务商。可以推测，随着数据要素市场的不断发展成熟，更多的市场主体将不断涌现，数商的分工将更加明确、细化。

第三节　数据要素市场建设的痛点

一、数据要素市场的现实矛盾

上文中我们归纳了数据要素市场的概念、模式、政策演进及参与主体，对数据要素市场有了初步的认识。然而，现实中数据要素市场并非像理论预期一般蓬勃发展。根据黄朝椿（2022）的统计，一方面，自 2016 年以来，我国数据要素规模呈指数态势迅速增长，数据市场规模也已接近千亿元级（见图 2–3）；另一方面，2014—2021 年我国新建的 31 个数据交易平台中，已有 19 个处于实际关停或网站关停状态，数据要素交易市场的运营状况不佳（见图 2–4）。两组数据的对比，反映了我国数据要素市场建设的一对现实矛盾，即数据要素规模空前膨胀与数据要素交易止步不前之间的矛盾。客观上，我国数据要素市场出现了“有数无市”和“有市无数”现象。

根据国家工业信息安全发展研究中心的测算，2020 年中国数据要素市场规模仅约为美国的 3.1%、欧洲的 10.5% 和日本的 17.5%。探究

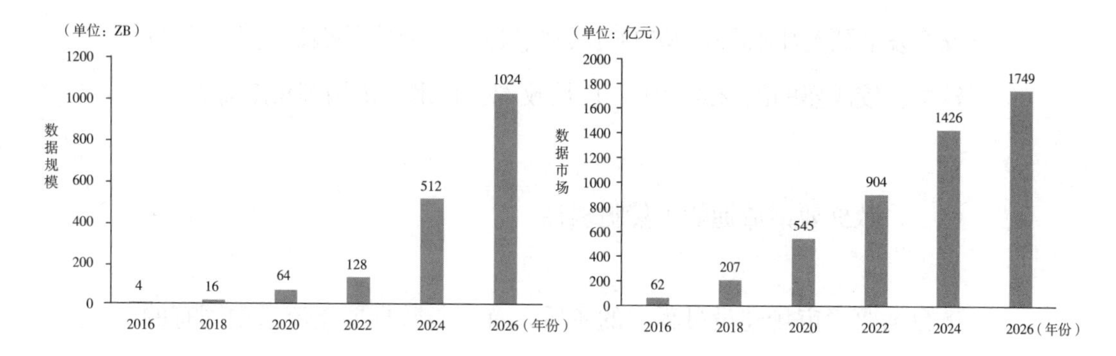

图 2-3　2016—2026 年我国数据规模及数据市场规模

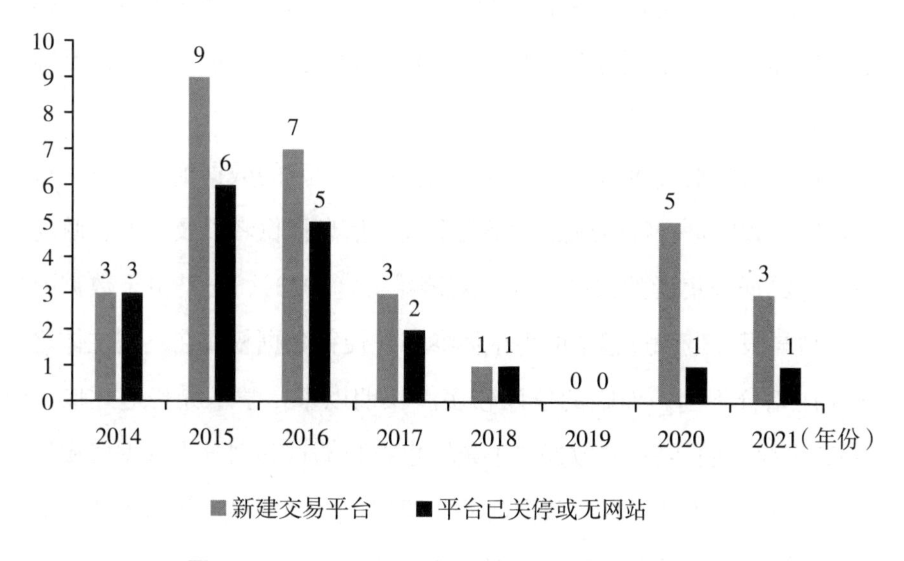

图 2-4　2014—2021 年我国数据要素交易平台情况

国外数据要素市场建设情况可以发现，美国注重发展多元数据交易模式，积极推动数据市场政策开放和法律制定，2009 年就发布了《开放政府指令》并建立起 Data.gov 数据服务平台等；欧盟注重建立数据流通的法律基础，如《通用数据保护条例》《欧盟数据战略》等，其成员国德国率先打造数据空间，积极探索安全可信的数据交换途径；日本则设立信息银行，通过数据商店对个人数据进行管理等（国家工业信息安全发展研究中心等，2022）。美国、欧洲、日本等数据要素市场发展较早、较成熟的国家或地区，均从政策、技术、机构等角度着力。

二、数据要素流通的天然脆弱性

数据要素市场建设过程中的矛盾，首先与数据要素流通中固有的安全脆弱性、复杂性有关。正如第一章所述，数据要素不同于一般生产要素的特点，如非竞争性、非标准化、信息属性、多元主体性、隐私负外部性等（李三希等，2023），使得数据要素流通的脆弱性贯穿全生命周期。

在数据要素流通的事前，由多元主体性引发的数据确权难成为首要障碍。数据是一种生成品，需要个人等信息提供者以及企业、政府部门等数据采集者的共同参与（刘涛雄等，2023）。正是由于数据要素产品与服务生产过程中的多主体参与，使得数据权属在不同主体之间往往划分不当，面临的争议较多。长期以来，学术界普遍达成了“一数多权”的共识。“数据二十条”也将数据权利划分为数据资源持有权、数据加工使用权、数据产品经营权，以分别界定数据生产、流通、使用过程中各参与方享有的合法权利。

在数据要素流通的事中，数据的合规性和安全送达是需要重点关注的问题。一方面，由于数据体量大、来源复杂，数据要素是否涉及个人隐私、企业机密和国家秘密等往往较隐晦，审查工作量大、难度较高；繁多的加工过程中也存在数据被非法加工处理的可能，这往往导致所交易的数据产品和服务的可信度模糊不清，存在潜在的法律风险。另一方面，数据的可复制性造成了数据在交付时存在被第三方平台、数商等攫取和泄露的可能性，数据的非实物性也导致数据的送达存在较多争议，现有技术条件下安全传输无法得到有效保障。

在数据要素流通的事后，数据无法“退货”、数据被转卖等问题层出不穷。数据交易过程中存在“阿罗信息悖论”（熊巧琴、汤珂，2021），也就是说由于数据的信息属性，在交易完成前，数据供方不会向需方展示数据的全貌，否则数据所蕴含的信息将悉数暴露。正是基于此，数据的事后评估与事前评估往往出入较大。即便数据需方不满于当前的数据产品，也无法实现“退货”，因为数据所蕴含的信息已为需方所掌握，其使用价值已经得到发挥。另外，数据要素的使用具有非竞争性，复制成本较低但收益较高，一个企业对数据的使用往往不会影响其他企业（Moody 和 Walsh，1999），为此，数据转卖的市场空间极大，数据的二次转售行为成为削弱数据要素市场公平的一大原因。

数据流通的脆弱性也伴随着数据流通中信任的极度缺失，这种信任缺失表现在数据拥有者与数据收集者、数据供方与数据需方、数商与监管方等几乎所有与数据交易相关的主体之间。就数据拥有者与数据收集者而言，公民个人作为大量行为数据的直接生产者，在平台、数据企业等数据收集者面前，处于相对劣势地位，议价能力、维权能力较弱，往往担心因数据让渡而导致个人隐私暴露和个人权益受损。政府作为公共数据的直接生产者，数据收集与共享会削弱政府的公共权力，严重者还会危及社会安全。企业作为各项业务数据的生产者，担心数据收集会泄露企业机密，削弱竞争优势，导致企业业绩下滑。因此，大量的数据处于“睡眠”状态，数据要素价值挖掘力度远远不够。就数据供方与数据需方而言，数据需方对供方的不信任主要表现在对数据质量、数据合规性的不确定性，数据供方对需方的不信任则表现在供方担心出售数据后丧失数据权，引发数据转售、黑市交易、数据非法使用等问题。就数商和监管方而言，监管方对数商运营的合法性存在质疑，如数商能否对交易的数据产品和服务进行实质性审查、正在交易的数据是否存在法律风险等。

三、解决数据要素市场痛点需要建立可信流通生态

数据要素流通全流程的痛点和信任的天然缺失，导致了数据要素市场不会自动形成充足的有效供给和需求，繁荣的数据要素流通交易生态难以自发建立。为此，需要政府力量的介入，从标准、技术、机构、监管等角度为解决数据要素市场建设难题寻求基本方案，搭建可信流通生态体系。

目前，数据流通交易的基础制度和标准建设仍处在开局阶段，数据相关立法尚待完善，既有的数据市场研究与产业发展水平和需求还存在较大差距。在制度建设方面，虽然从零开始的数据流通制度已不断取得新突破，但成熟的产权制度、交易定价制度、会计制度、收益分配制度、中介服务制度以及安全治理制度仍未建立。① 加快构建和完善数据要素市场的基础性制度，仍是促进我国数据市场发展的首要环节。在标准体系建设上，目前我国与数据相关的标准、规则较少，数据的收集、存储、加工、交易的规范亟待建立。在法律体系上，美国颁布了《加利福尼亚州消费者隐私法案》《数据质量法》等法律法规，欧盟形成了以《通用数据保护条例》《数字议程》等为主体的法律法规体系，我国陆续出台了《数据安全法》《个人信息保护法》《网络安全法》等法律规范。但全球主要国家数据市场的法律框架都还处

① 《加快构建数据要素流通交易制度》，《人民政协报》2022 年 5 月 18 日。

于探索阶段，协调性不强、完备性不足，针对数据流通的专门性法律规范缺乏。在学术研究层面，数据市场领域还存在大量悬而未决的新问题，如可信数据交易模式的建立问题、数据交易中的价格形成机制、数据要素报酬的分配问题、数据交易中价值开发和安全保护的平衡问题等。

数据流通的难题需要引入技术加以克服，而目前数据安全流通的交易技术尚不成熟。数据要素的流通需要技术层、商业层、法规层、应用层等层面的有机衔接，底层核心技术是数据要素市场的“大厦之基”。一方面，需要推动区块链、隐私计算、现代密码技术、人工智能、联邦学习等数据技术的交叉互补。2023 年 3 月，上海数据交易所和大数据流通与交易技术国家工程实验室共同启动了国内首个数据交易链建设项目，将开源区块链底链技术、智能合约开发技术、数据隐私保护技术、跨链信息互通技术等先进技术融合应用，从而支撑数据的安全、高效、合规流通。另一方面，要持续推动核心技术的前沿攻关和自主可控。数据流通事关国家主权和安全，前沿数据技术必须牢牢掌握在自己的手里，要瞄准数据流通关键核心技术和重大问题，解决数据市场建设“卡脖子”问题。

数据要素市场相关主体的缺乏也是导致数据要素流通交易不活跃的关键因素。供给侧、需求侧、流通侧的数商还有很广阔的发展成长空间，数商在空间上、行业上、环节上的分布较不均匀。数商的经营状况及成长趋势呈现出显著的异质性。数据咨询服务商、数据资源集成商、数据分析技术服务商等企业数量最多，而数据治理服务商、数据交付服务商、数据交易仲裁服务商和数据经纪服务商等数量较少。数据资产评估、合规性评估、咨询服务的企业数量增长较快，而数据产品供应商等数商的增速相对缓慢。此外，不少数据拥有者、需求者碍于数据流通的高门槛和安全保障的缺失，其供给意愿和交易意愿还未被激发，这部分市场主体的培育也将成为未来需要着重考虑的问题。

综上，只有建立起包括可信流通模式、可信流通技术、可信流通机构等在内的可信流通生态体系，数据要素市场的发展难题才能妥善解决，数据要素流通的潜力才能得到充分的发挥。基于此，在下面的章节中，我们将重点探讨数据可信流通生态体系建设问题。

第三章　数据可信流通框架

第一节　数据可信流通的概念内涵

鉴于数据要素主体多元、虚拟可复制、非标准、非竞争等技术—经济特征，数据要素市场呈现出低信任、高风险、弱商业化的性质。激活数据要素的经济潜能，培育数据要素市场，不仅要研究可行的数据交易模式，更需要探索可信的数据流通体系。“数据二十条”强调“建立可信数据流通体系，增强数据的可用、可信、可流通、可追溯水平”。北京市《关于更好发挥数据要素作用进一步加快发展数字经济的实施意见》提出“建设可信数据基础设施”，以推动建立“数据来源可确认、使用范围可界定、流通过程可追溯、安全风险可防范”的数据可信流通体系。

“可信”是本书论述的核心概念。在网络安全领域，“信任”一词通常有两种含义：第一种是指对象在事实上被信任（Trusted），第二种则是指对象可靠、能够被信任（Trustworthy）。考虑如下场景：M 公司出售软件系统 W，如果该系统被用户认为是真实、不具欺骗性、不构成危害的，我们称该系统 Trusted；如果该系统被称为 Trustworthy，则意味着在对该系统的信任很大程度上是以基于声誉、组织关系等因素对 M 公司的隐含的信任（Implicit Trust）为前提的，换言之，这是一种对市场主体及市场环境的信任。

此外，零信任（Zero Trust）作为一种新兴的战略性网络安全模型，以“永不信任，始终验证”为原则，逐渐成为保护数字业务的主流工具。零信任并不是指“不可信”（Untrusted），相反，其理念是在组织不应自动信任任意事物的条件下安全地完成业务；而最终在结果评价时，我们称整个系统或体系是可信的（Trustable）。

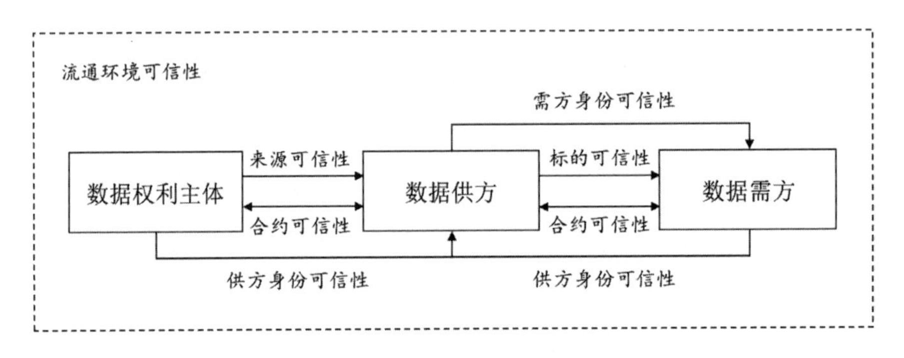

图 3–1　数据流通的可信性

图 3–1 展示了从数据资源收集到数据产品交付这一流通过程中可能产生的信任问题。这其中包括了流通环境可信性、交易主体(供方、需方）可信性、数据来源可信性、交易标的可信性、交易合约可信性等。我们将首先借鉴网络安全领域“零信任”模型的设计思路，介绍不以任何信任为前提的数据要素流通逻辑；其次，探讨将对市场主体和市场环境的信任作为前提的流通思路；最后，讨论流通标的和交易合约的可信性。

一、“零信任”的流通逻辑：先验证、后信任

数据要素的“零信任”流通逻辑是指不以任何的无条件信任作为

预设完成数据流通。“零信任”不同于“不信任”或“不可信”，而是指不自动相信。要达成可信流通的目的，需要综合运用制度满足交易主体激励相容约束，利用技术完成验证工作，通过一系列的设计实现可信的结果。这正是“可信源于验证”（Verify，Then Trust）的基本思想。①

在数据流通过程中，数据交易主体身份可信性、数据来源可信性、交易标的可信性、交易合约可信性以及流通环境可信性均需要得到验证（见图 3-1）。数据要素流通环节设计如图 3-2 所示，这一设计中数据流通被划分为几个阶段：(1) 数据资产化阶段，数据资产的登记确权，该环节中同时完成资产合规性及价值的评估；(2) 数据产品化阶段，在三权分置的基础上，对数据进行加工生产，形成数据元件、数据产品；(3) 挂牌交易阶段，数据产品挂牌上市、撮合交易，

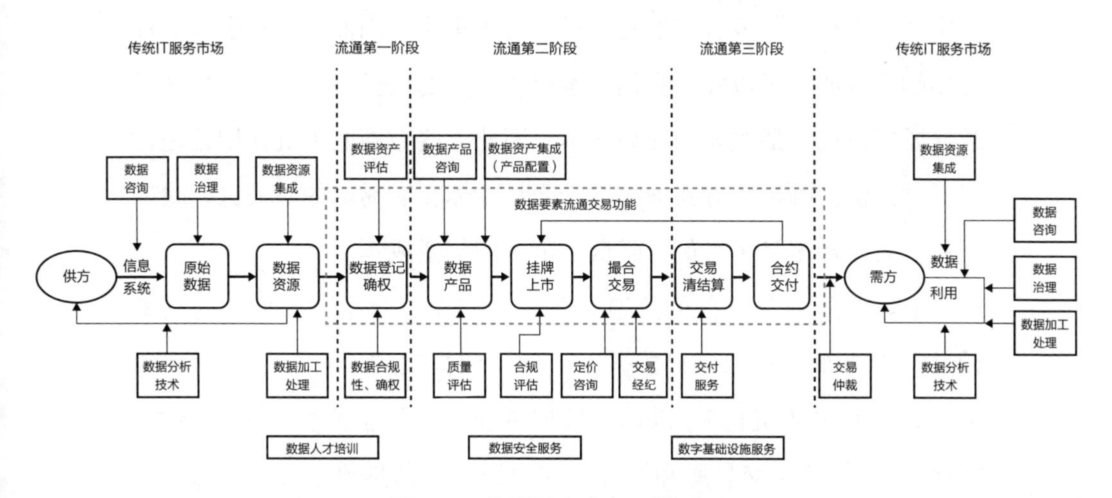

图 3-2　数据要素流通环节设计

资料来源：上海数商协会等：《全国数商产业发展报告（2022）》。

① Gray Analytics, “Verify, Then Trust: Best Practices to Stay Cyber Safe”, September 28, 2020, https://grayanalytics.com/blog/verify-then-trust/.

在产品挂牌时涉及质量评估、合规性评估等；(4) 交付清结算阶段，合约交付及交易清结算，包括交付服务与交易仲裁服务。这一流通设计部分实现了数据流通可信性的验证，例如，数据资产登记发挥了存证作用，初步检验了数据的合规性，同时公示了登记主体对资产的控制权；产品挂牌环节的质量评估、合规性评估工作进一步验证了交易标的合规性、真实性及质量；合约交付环节，由第三方服务商辅助完成标的交割及合同交付服务，可通过可信执行环境、融合计算等技术实现安全交付，增强了交易合约的可信性；最后，仲裁服务商的参与是中立第三方“再协商”(Renegotiation) 的表现，有助于缓解数据要素市场信息不对称引致的“敲竹杠”问题，提升流通环境的可信性。

由于“阿罗信息悖论”，数据的买卖双方出现不信任，因而第三方中介的“撮合”或者“监管”显得尤为重要。因而，通过引入多种类型的“数商”可以弥补数据要素市场天然的信任缺失问题。信任是数据要素市场上最主要的交易成本，因此这些数商的关键作用正是在于通过评估、咨询等方式披露关于交易主体、交易标的等信息，验证交易对象、环境是否可信，降低了市场的信任成本。

上述“所商分离”的流通方案，可称作“合作服务型”的制度设计（丁晓东，2022）。“数据二十条”中提出“培育一批数据商和第三方专业服务机构”，以提升数据流通及交易全流程的服务能力。“所商分离”涉及交易所和服务商的合作关系，是数据交易场内市场的新型培育思路。“可信性”是场内市场相较于场外市场的潜在比较优势，通过合作服务，数据的买方不仅能够在集中的场所快速地匹配到需求的产品，更重要的是规避了使用数据时附带的合规性风险。在这个意义上，场内市场的培育机制应向着增强可信性的角度设计。

除制度设计以外，技术也是实现信任的必需元素。2022 年 6 月，国家标准《信息安全技术零信任参考体系架构》（征求意见稿）发布，提到“无论主体和资源是否可信，主体和资源之间的信任关系都需要从零开始，通过持续环境感知与动态信任评估进行构建”。零信任是一种参考架构，本质上在动态、细粒度、最小化权限等方面提供了安全技术的体系参考。具体而言，零信任模型强调利用公钥密码学实现资源在主体间的加密传输，同时实现“持续环境感知”“动态信任评估”“最小权限访问”的反馈迭代（见图 3–3）。其中，持续环境感知是指对主体环境、资源环境、网络环境等进行信息采集，感知安全威胁、系统脆弱性等；动态信任评估是指根据主体与资源的交互状态持续调整系统可信性；最小权限访问是指对请求主体授予最小权限，同时保证及时执行调整后的最小权限。

零信任模型适用于数据要素的可信流通。首先，数据产品的真

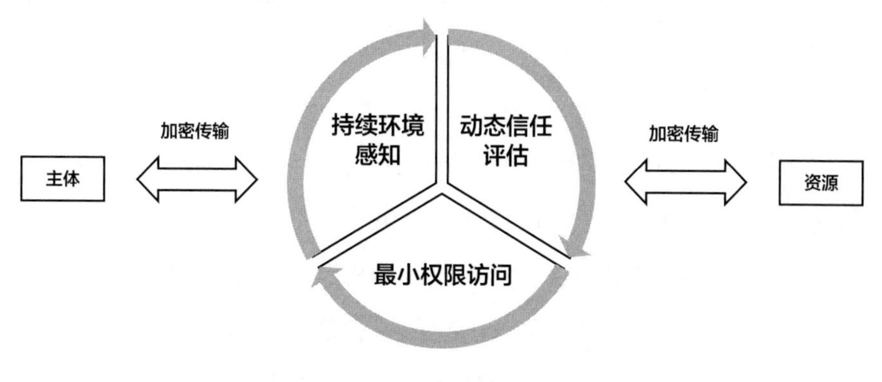

图 3–3　零信任模型

资料来源：中华人民共和国国家标准《信息安全技术零信任参考体系架构》（征求意见稿）。

实出售需要公钥密码技术作为支撑，通过密钥交换及哈希上链的方式，能够防止交易标的被滥用或转售，使得抽检过程可信、可管控。[①] 其次，数据要素市场的培育是一个动态演化的过程，动态的信任评估、持续的环境感知助推了系统中信任从无到有的正反馈迭代，从而使得信任成为一种在成熟市场状态中的结果。最后，最小权限访问的基本逻辑与数据财产权流转的底层思路相符，即资源持有权、加工使用权、产品经营权的许可转移受制于合同内容的约束，同时财产权应在尊重作为“一级法定权利”的人格权的基础上实现流转，也即遵循《个人信息保护法》中的“最小必要原则”（Xiong 等，2023）。

区块链技术的应用是保证数据“流通过程可追溯”的必要措施。区块链本质上是一个将按照时间顺序编排的数据存储在一系列连续增长的区块中的分布式系统。交易信息记录在各个区块中，整个网络通过共识层算法达成关于交易信息的一致性认知（Chen 等，2021）。区块链在数据流通过程中提供信任的底层技术支持——通过记录和追踪每一笔数据交易，部分消除了交易过程中的信息不对称问题——缓解了二次转售、假数据、隐私泄露等症结，一定程度上保证了交易的真实性、公平性与可信性。区块链能够被用于诸如数据交易这样具体的应用场景，与其合约层上的智能合约密不可分。智能合约的出现，赋予了区块链“可编程”的特性，我们能够在合约中通过计算机代码输入，以表达我们机制设计的思路，达到促进交易公平性、提升交易可靠性的目的。智能合约运行在去中心化系统中，避免了中心化平台的道德风险问题。尽管中心化数据平台极

① 丁津泰、汤珂：数据处理方法、装置和存储介质，CN Patent 202210321239.3. Feb 21，2023 年。

力表现出不愿也没有保留数据的动机，但依旧拥有截留和转卖数据的能力（Xiong 和 Xiong，2019）。区块链的作用就在于将“不愿”变为“不能”。

此外，数据要素的可信流通还需要用到隐私计算等保护隐私安全的技术手段，以达到“原始数据不出域，数据可用不可见”的效果。这些技术都遵循着“零信任、可验证”的基本原则，借助算法隐藏了直观的信息内容，但不影响其输出有效的分析结果。在本书的第四章，我们将介绍加密技术、隐私计算技术、区块链技术等可信的数据流通技术。

二、环境信任、主体信任

接下来我们将讨论市场流通环境与市场参与者的可信性。在特定的数据流通生态中，对环境和主体的信任是前提而非结果，也即供需双方愿意交易数据，是建立在对彼此以及流通环境的信任这一基础上的。

对流通环境的信任，包括对流通模式、流通机构、流通流程等的信任。流通模式可主要划分为数据管道模式、供方主导集市模式、需方主导集市模式、平台模式、做市商模式五种数据交易模式（黄丽华等，2022），还包括授权运营、权属许可转让、数据信托等新型的流通模式。流通机构则可划分为场内流通机构（数据交易所）和场外流通机构（数据经纪人等）。流通流程取决于流通模式，一般而言，数据流通需要经过供需匹配、价格设定、合约交付、交易清结算等环节。

对交易主体的信任，即对交易对手方身份、资质、行为等的信任。对身份的信任，是指相信其他主体身份的真实性、合法性；对资质的信任，是指相信其他主体具备收集加工使用及经营数据的资质；对行为的信任，是指相信其他主体不会在合同约定的范围之外滥用数据，如数据泄露或非法转售。这种对于交易对手方的“天然”信任，本质上是一种隐性的长期契约。这种契约关系没有以明文形式得到证明，但一般而言背离契约的代价远高于其收益。人们谈及这种“以对其他主体的信任作为前提”的经济活动时，总会提到起源于英国的信托制度。中世纪西欧骑士在参加战争前，会将所拥有的土地托付给其所信赖的族人，这种信任构成了信托关系的前提。而在近代，随着法律制度不断完善，信托法出现，明晰了信托方的信义义务等，使得信任的建立有了制度保障。对于数据流通而言，这种对于其他市场主体的信任，是建立在市场关系紧密相连的商业生态圈中的。

在“数据管道”这一交易模式中，对流通环境及流通主体的信任可能构成数据流通的前提。数据管道指的是供方到需方之间的数据连接，通常用于流式数据的直接传输（任洪润、朱扬勇，2023）。数据管道是典型的一对一交易模式，例如，同一条供应链中的上下游企业采用该模式实现数据流通共享。在数据管道模式中，数据交易的双方存在稳固的业务关系，对彼此身份的真实性及合法性、经营资质等有充分的了解；同时，双方通过长期契约的形式建立了产品和信息的供应联系，如果某一方做出有道德风险的行为，将会破坏长期合作关系，造成得不偿失的结果。数据管道通过专用网络实现传输，一般不涉及流通环境中第三方的侵犯风险。因此，可认为数据管道模式交易主体是可信的。

但是数据管道模式是低效率的，容易形成“数据孤岛”，不利于数据要素充分释放价值，不宜作为主流的数据交易模式。以商品交换的历史类比，数据管道模式类同于原始社会中零散在部落内的物物交换，而价值的充分实现需要大规模集市的出现。

那么在平台模式中，是否能够以对市场环境和市场主体的信任作为数据流通的前提呢？首先，交易主体的身份是难以信任的。在中介的撮合下，供需双方无需了解对方的身份、资质等即可完成交易，但这同时意味着无法以对交易对手方的信任为前提从而相信交易标的。贵阳大数据交易所曾尝试通过“会员制”的形式创设出数据交易主体间的信任，但严格的会员准入制度导致交易门槛提升，交易规模有限（龚强等，2022）。其次，交易平台如果仅饰演“交易中介”的角色，便无法保证数据流转路径的可追溯以及数据真实性的可验证。因而，对交易标的和交易合约的信任显得尤为重要。

三、标的信任、合约信任

对交易标的物的信任是指相信数据产品或服务的合规性、真实性、质量等。其中，合规性是指数据产品或服务符合适用的法律法规、标准和政策的要求，并且在处理、管理数据时遵守相关的规定及约束。例如，数据隐私保护合规性：数据产品或服务应遵守适用的数据隐私法律和法规，合规的数据应该明确规定如何收集、存储、处理和共享个人数据，并确保获得数据主体的合法授权；数据安全合规性：数据产品或服务应该采取必要的安全措施来保护数据的安全性，以防止未经授权的访问、泄露或滥用，这些措施包括数据加密、访问控制、网络安全、身份验证等。数据的真实性是指数据来源合法可溯、内容可靠，也即数据的采集过程、处理方法和流转环节得到真实记录，并且数据内容具有实在的信息含量。数据质量有权威的评估指标，包括准确性、一致性、完整性、规范性、时效性和可访问性六项。①

对交易合约的信任是指参与方在进行交易时相信合约的内容和执行过程。交易合约可信性主要包含以下几点：(1) 合约的透明度与清晰性，使参与方能够清楚理解合约的条款和条件，包括交易目的、参与方的权利和义务、支付条件、交付要求等关键要素；(2) 可验证性，即合约的内容和执行过程可以被核实和证明，一般通过书面形式制订合约、使用数字签名等方式来实现；(3) 可执行性，即参与方对合约的执行过程和结果具有信心，合约中的条款具备可行性，并且可以通过约定的执行机制来实施；(4) 第三方监督与仲裁的参与，提供中立的意见与判决，以确保合约执行过程中、交付完成后的争议得到解决。

表 3–1　交易标的与交易合约的可信性

信任对象	可信内涵	解释说明
交易标的	合规性	满足隐私保护合规、数据安全合规等
	真实性	数据的来源合法可溯、内容可靠
	标的质量	准确性、一致性、完整性、规范性、时效性、可访问性
交易合约	透明度（清晰性）	合约条款参与方可理解、无歧义
	可验证性	合约的内容和执行过程可被核实和证明
	可执行性	合约条款具备可行性，可通过约定的机制实施
	监督与仲裁	中立第三方提供争议解决服务

对数据流通标的及合约的信任存在于特定的交易场景中，例如，

① 中国资产评估协会：《数据资产评估指导意见》，http://www.cas.org.cn/ggl/427dfd5fec684686bc25f9802f0e7188.htm。

数据供给方或需求方主导的集市。彭博、万得等数据资讯公司提供金融数据库服务，用户付费注册后即可获得平台所持有的全部数据集及报告的访问权限，无需再经过签订合约、验证交易等流程。这种模式的优点在于交易成本低，数据供方提供的产品或服务是同质性、标准化的，标的合规真实、质量有保证，在用户注册时已达成流通和使用的协议；但该模式的应用范围较为有限，仅面向特定行业或研发方向的场景化需求，难以作为统一数据要素大市场的主流流通方案。

在一般化的流通场景中，数据交易标的物的可信性难以无条件保证。跨组织的数据交易受制于三种与信息相关的交易成本：逆向选择、道德风险和交易不确定性（Huang 等，2021）。逆向选择是信息不对称的一种具体表现，在数据交易前便存在。由于数据的质量对于买方而言是不可见的，卖方在销售其产品时便拥有了私人信息，因而无法直接排除卖方利用这种私人信息攫取租金的可能性，由此形成的数据市场便成为“柠檬市场”。道德风险是信息不对称的另一种体现，描述的是信息不对称环境下交易主体的行为特征，例如，在数据加工过程中可能出现安全措施缺失等现象，在交易后可能出现买方滥用数据等现象。交易不确定性是数据市场信息不完全的表现，指交易标的物的特征对于买卖双方而言均存在模糊性，例如，在交易前如果参与方对数据质量的期望存在较大差异，则交易大概率不会发生；在交易后数据的价值是通过使用逐渐明晰的，则在交易前买卖双方对数据价值估计的差异也会降低成交的概率。综上，考虑数据流通过程中的信息不对称性和不完全性，交易标的物的合规性、真实性及质量便难以无条件得到保障。

同时，数据的交易合约具有不完备特点。不完备合约理论由格罗斯曼和哈特（Grossman 和 Hart，1986）开创，指由于有限理性或交易费用带来的合约缺陷。梯若尔（Tirole，1999）将合约不完备的因素归结为以下三点：(1) 预期成本，即因参与方的有限理性，合约中无法穷尽所有情景；(2) 缔约成本，指即便当事人能够预见所有状态，但是使用无争议的语言写入合约的成本过高；(3) 验证成本，指关于合约的信息对于交易双方而言可供观察，但第三方无法验证（Non-Verifiable）。显然，数据流通过程中这三类成本均可能存在。例如，数据的应用场景难以在合约中清晰地说明，更不可能枚举（Dosis 和 Sand-Zantman，2022）；数据价值链中的加工成本难以在付出以前就通过合约签订的形式实现分摊，只能由开发者自行承担，因此成本具有不可合约性（杨竺松等，2023）；交易合约无法约束购买方在交易后的行为，买方转售数据行为会削弱卖方供给数据产品的意愿（龚强等，2022）；数据权利的流通路径，如果不在系统中登记和追溯，对于第三方而言则是无法验证的。总而言之，交易合约的不完备性，导致合约不具备可信性。

综上所述，大规模、一般化的数据要素市场中并不天然具备流通标的的可信性和交易合约的可信性，高度的信息不对称以及合约不完备性使得数据要素市场区别于商品市场和证券交易市场。2014—2019年，中国在各地区建设了近 30 家大数据交易所，但数据交易业务仅是昙花一现便迅速遇冷。第一批数据交易所建设尝试的前车之鉴是，数据要素市场是一个天然低信任的系统，我们不宜以任何信任作为流通的条件，而是需要在制度和技术的共同作用下建设这种信任，将信任作为市场培育的结果，而非市场建设的前提。

第二节 数据要素可信流通的 TIME 框架

作为一个新兴生态，数据要素市场中尚未形成信任关系，阻滞了数据流通的效率。前文对数据流通过程中的信任问题做出了阐释，说明信任不会自发地在数据流通系统中生成，如果不综合运用制度设计与技术手段，数据的交易便会陷入“信任陷阱”。有鉴于此，本书提出数据要素可信流通的 TIME 模型，以展示数据要素可信流通的体系架构。TIME 模型刻画了数据的可信流通技术（Technology）、可信流通机构（Institute）、可信流通模式（Model）、监管与治理（Examination）等要素的有机联动，如图 3–4 所示。

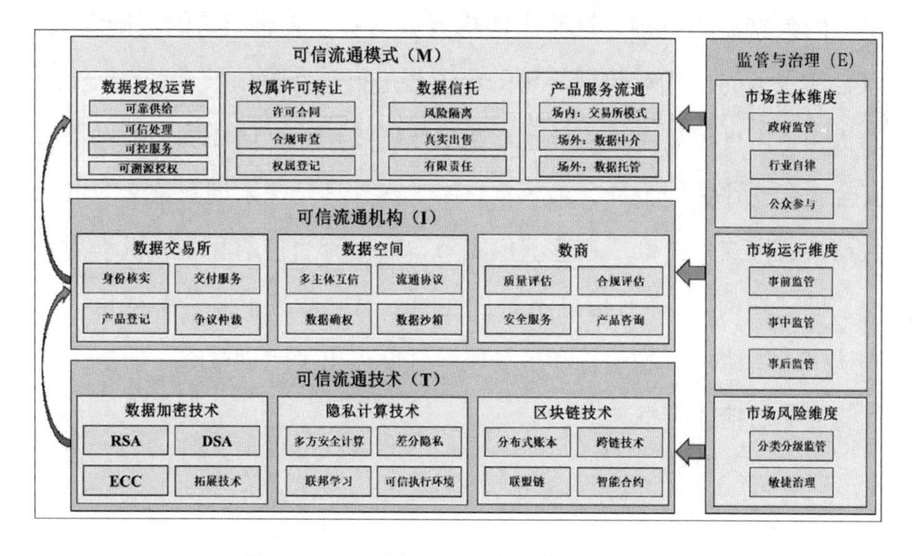

图 3–4 数据要素可信流通的 TIME 模型

在“数据二十条”中，“可信”一词多次出现。技术方面，建议开展数据流通相关安全技术研发和服务，以促进不同场景下数据要素安全的可信流通。流通交易制度方面，提出“建立数据来源可确认、使用范围可界定、流通过程可追溯、安全风险可防范的数据可信流通体系”；具体地，要求构建集约高效的数据流通基础设施，为场内交易提供可信的流通环境。治理方面，指出需要充分发挥政府有序引导、规范发展的作用，注重数据安全，强调数据流通的全流程监管，最终形成安全可信、监管有效的数据要素市场环境。可见，要打造可信的数据流通体系，需要流通技术和流通机构作为基础设施，探索形成可信的流通模式，再辅之以敏捷灵活的市场治理方案。

在本书的第四章，将介绍数据可信流通关键技术，包括数据加密、隐私计算、区块链等基础技术以及跨域管控、全匿踪隐私保护等前沿技术，以保证数据流通标的可信、交易合约可信、交易过程可信等。第五章介绍了数据交易所、数商、数据经纪人、数据空间等几类主流的数据流通机构，这些主体构成数据要素流通交易的基础设施，以合作服务的模式对数据交易的全流程进行动态评估反馈；数据流通的机构运用可信流通组合技术，建立数据沙箱等可信环境，提供数据安全、合规评估等服务。第六章总结了四种具有探索创新意义的可信数据流通模式，讨论了在这些模式下，数据流通技术和流通机构是如何辅助“增信”、降低信息不对称性的。第七章基于监管的视角，分别从市场主体、市场运行和市场风险维度提出了治理策略，形成了数据流通的敏捷监管框架。

第四章　数据可信流通技术

数据要素流通及数据要素使用的环境复杂，参与的主体类型多、交易过程环节多、流通技术运用多，涉及的数据要素流通可信风险点多，需要从数据交易业务、数据流通过程、数据交易主体、流通使用技术视角进行风险识别、风险预防、风险治理、风险消除。正如第三章指出，数据可信流通的主要目标是确保数据可信与交易可信。为了实现数据可信流通的目标，需要采用数据可信流通技术。数据可信流通技术主要包括数据流通安全、数据流通过程可信、数据流通可信协同计算等方面的技术。本章重点介绍数据流通中的核心技术，属于 TIME 模型中的 T（Technology）部分。如图 4-1 所示，数据可信

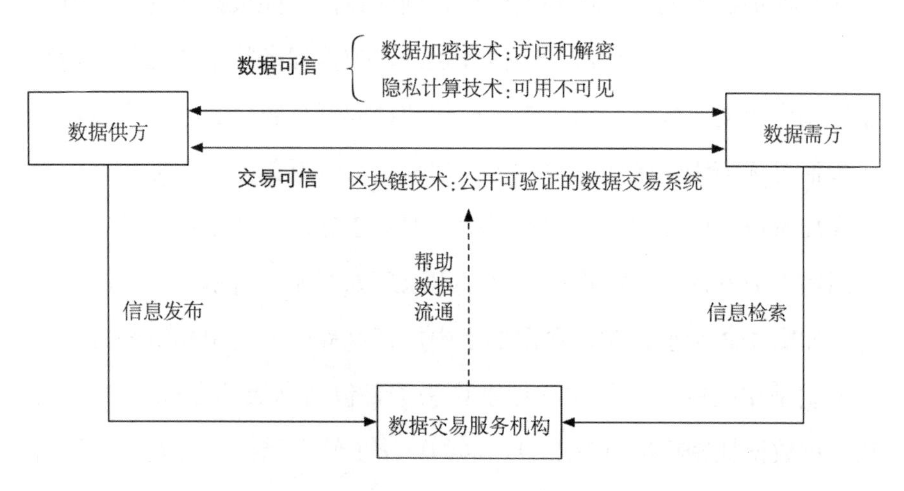

图 4-1　数据可信流通涉及的相关技术

流通涉及的相关技术主要包括数据安全方面的数据加密技术、隐私计算技术和数据流通过程可信方面的区块链技术。其中数据加密技术和隐私保护技术主要用于确保数据可信，区块链技术主要用于确保交易可信。

在图 4–1 中，数据加密技术用于保护数据的机密性、完整性和身份认证；隐私计算技术保护敏感数据的隐私，在数据分析和处理过程中提供安全保护；区块链技术提供去中心化、不可篡改和透明的数据交易存证方式。

第一节　数据可信流通基本技术

一、数据加密技术

数据加密技术是信息安全领域中广泛应用的一种关键方法，其目标在于保护数据的机密性和安全性，确保数据仅能被授权的实体所访问和解密。通过对数据进行转换和扰乱，数据加密技术能够将原始数据转化为密文形式，以防止未经授权的访问和泄露。数据加密技术主要包括对称密钥加密和非对称密钥加密，后者也称为公钥加密。尽管对称加密技术已经存在了较长时间，但其依然被广泛使用，并在许多应用场景中发挥着关键作用，其基本原理如图 4–2 所示。

如图 4–2 所示，对称数据加密中加密过程中的密钥和解密过程中的密钥是相同的，现代对称加密算法主要包括高级加密标准（AES）和三重数据加密标准（3DES）。这些算法虽然在当今信息安全领域得到广泛应用，但是仍然面临着一些挑战，以下是其中三个重要问题：

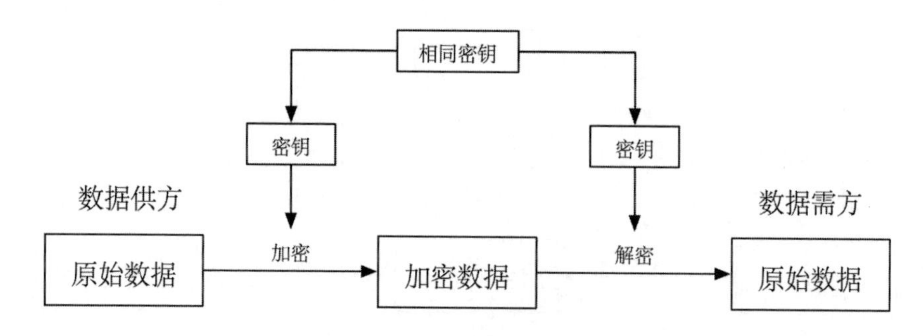

图 4-2　对称数据加密的基本原理

（1）密钥分配问题。数据供方和数据需方建立安全的密钥通道是一项关键任务。然而，实际中的信息传递所使用的通信链路往往不是完全安全的，可能受到中间人攻击或窃听等威胁。（2）密钥个数问题。假设在不区分数据供方和数据需方的情况下网络中存在 n 个用户，如果每两个用户之间需要建立一个密钥对，则整个网络的密钥数量为 $n\times(n-1)/2$，且每个用户需要存储 $n-1$ 个密钥，这种情况下会遇到著名的 n^2 密钥分配问题，即一个网络中的用户数目只是中等大小，密钥预分配也很快会达到其极限情况。（3）对数据供方和数据需方的欺骗行为没有防御机制。数据供方和数据需方拥有相同的密钥，那么数据需方和数据供方采取欺骗行为时对称加密行为无法提供不可否认性，例如数据需方在生成采购订单后又改变了主意，并声称该订单是由数据供方伪造的，在此情况下，对称加密算法无法辨别真假行为。

为了解决对称密码的限制，迪菲和赫尔曼（Diffie 和 Hellman，1976）提出公钥密码学，即数据供方用来加密数据的密钥不需要保密，重要的内容在于数据需方只有使用密钥时才能解密数据，非对称数据加密的基本原理如图 4-3 所示。

根据不同的算法标准和构建公钥密码算法的方式，非对称加密算法主要包括 RSA 算法、数字签名算法（Digital Signature Algorithm，

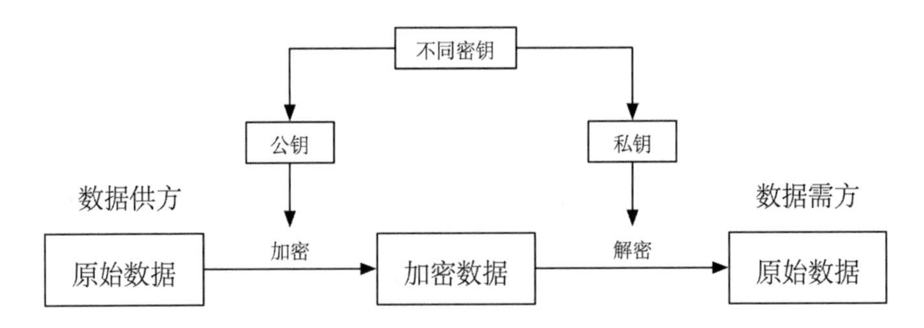

图 4-3 非对称数据加密的基本原理

DSA）和椭圆曲线加密（ECC）算法。其中，RSA 算法最早是由李维斯特、沙米尔和阿德勒曼在 1977 年提出，成为公钥密码学中最经典和广泛使用的算法之一，该算法是基于大整数分解问题。DSA 算法由美国国家安全局（NSA）于 1991 年提出，并于 1994 年作为数字签名标准被美国国家标准与技术研究院（NIST）采纳，该算法是基于离散对数问题。ECC 算法是基于椭圆曲线数学的公钥密码学。本节接下来将介绍 RSA 算法、DSA 算法和 ECC 算法在应用于数据可信传输过程中的基本原理及数据加密拓展技术。

（一）RSA 算法

RSA 算法的安全性是基于整数因式分解问题，即两个大素数之间的相乘计算是简单的，但是对乘积结果进行因式分解却是困难的。RSA 算法加密数据的关键步骤如下。

第一步：密钥生成

首先，选择两个不同的大素数 p 和 q，并计算它们的乘积 $n=p\times q$；然后，选择一个整数 e，使得它与互质（p–1）（q–1），e 被称为公钥指数；接着，计算 e 的模反元素 d，使得（$e\times d$）mod[（p–1）（q–1）] =1，d 被称为私钥指数；最后，公钥是由（n，e）组成，私钥是由（n，d）组成。

第二步：加密

在加密数据 M 的过程中，数据需方使用数据供方的公钥（n，e）进行加密操作。加密的过程是将数据 M 转换为一个整数 m，然后计算密文 $C=m^e \mod n$。

第三步：解密

数据需方使用自己的私钥（n，d）来进行解密操作，解密的过程是计算明文 $M=C^d \mod n$，由于 $m=M$，所以解密后得到原始的数据 M。

（二）DSA 算法

DSA 算法是一种重要的数字签名算法，其设计基于数论中离散对数问题的难解性，用于确保数字文档的完整性、真实性和不可抵赖性。在数据传输的情景中，有一个数据供方和一个数据需方，为了确保数据的可信传输，可以采用以下基本步骤。

第一步：参数生成

首先，数据供方和数据需方协商选择一组 DSA 算法的参数，包括一个大素数 p 和一个次序 q 的子群，这些参数是公开的，并被双方共享。其次，数据供方选择一个生成元 g，并将其公开，满足 $g^q=1(\mod p)$。

第二步：密钥生成

数据供方生成一对密钥，包括一个私钥和一个对应的公钥，其中私钥由数据供方保密，公钥被公开分享给数据需方。

第三步：数据签名

首先，数据供方使用其私钥对要传输的数据进行签名，并计算数据的哈希值作为消息的摘要。其次，从 $\{1\cdots q-1\}$ 随机选择整数作为签名过程中的临时私钥，通过计算 $r=(g^k \bmod p) \bmod q$ 和 $s=[(H(m)+x\times r]\times k^{-1} \bmod q)$ 生成签名，其中，x 是私钥的一个关键值，由数据供方保密。然后，数据供方将签名（r，s）与要传输的数据一起发送给数据需方。

第四步：数据验证

数据需方在接收到数据和签名后，首先使用数据供方的公钥进行验证。其次，计算接收到数据的哈希值作为消息的摘要。接着，解析签名得到 r 和 s，并计算中间结果 $w=s^{-1} \bmod q$，$u_1=[H(m)\times w] \bmod q$，$u_2=(r\times w) \bmod q$。最后，数据需方计算 $v=[(g^{u_1}\times y^{u_2}) \bmod p] \bmod q$，其中，$y$ 是数据供方的公钥，如果 $v=r$，则验证通过，数据的完整性和真实性得到确认。

（三）ECC 算法

椭圆曲线密码学（ECC）是一种公钥加密算法，通过利用椭圆曲线上的数学性质来实现安全的数据通信和加密。在数据可信传输的情景中，存在一个数据供方和数据需方，为了确保数据的可信传输，可以采用以下基本步骤。

第一步：参数生成

数据供方和数据需方共同选择一个椭圆曲线作为基础，并确定该曲线的参数，包括方程、定义域和基点，这些参数是公开的，并且双方都知晓。

第二步：密钥生成

数据供方和数据需方分别生成一对密钥，包括私钥和对应的公钥。私钥是各自选择的一个整数，并且必须保密保存。公钥是通过将私钥与椭圆线上的点进行运算而生成的。

第三步：密钥交换

数据供方将自己的公钥传递给数据需方，同时数据需方将自己的公钥传递给数据供方，双方通过交换公钥建立了一个安全的通信通道。

第四步：数据加密

在数据传输之前，数据供方将要传输的数据转换为椭圆曲线上的点。然后，数据供方选择一个随机数作为加密过程中的临时私钥，并通过将数据点与临时私钥的倍数相加，生成加密后的点。

第五步：数据解密

在数据接收端，数据需方使用自己的私钥和数据供方传输的加密点进行运算，得到解密后的数据点。最后，将解密后的数据点转换为原始数据。

（四）数据加密拓展技术

RSA 算法、DSA 算法和 ECC 算法是公钥密码学中的重要算法，它们构成了公钥密码学的基础框架。在具体数据可信传输的过程中，为了满足特定应用场景的需求，还涉及属性加密技术、代理重加密技术、保留格式加密技术与同态加密技术等拓展技术。

1. 属性加密技术

属性加密技术（Attribute-Based Encryption，ABE）是一种加密技术，其独特之处在于允许对数据进行基于属性的加密和访问控制，为数据安全和隐私保护提供了强有力的支撑。与传统的加密方法不同，属性加密技术将访问权限与属性相关联，而不是直接与特定的用户或密钥相关联。在应用属性加密技术时，首先将数据标记为具有一组属性，例如用户的角色、所属组织或其他特征。然后，使用属性加密算法对数据进行加密，并为访问者分配访问策略。这些访问策略通常由一组属性条件组成，例如只有具有特定角色或所属特定组织的用户才能解密数据。

通过使用属性加密技术，数据供方可以根据数据的属性对其进行加密，并将访问策略授予特定的属性条件。数据需方需要满足相应的属性条件才能解密和访问数据。这样，数据供方可以确保只有满足特定属性条件的用户才能获得解密数据的权限，从而实现数据的可信加密。

2. 代理重加密技术

代理重加密（Proxy Re-Encryption）是一种密码学技术，用于在不泄露原始数据的情况下，将加密数据委托给第三方代理进行重新加密，并使得第三方代理能够将重新加密的数据传递给其他受信任的实体。

代理重加密技术的主要目标是实现安全的数据委托和转发，以提供更灵活的数据共享和访问控制机制。它通常涉及两个主要角色，数据供方（发送者）和数据需方（接受者）。数据供方是拥有原始加密数据的实体，希望将其委托给第三方代理进行重新加密。数据需方是受信任的实体，希望获取经过代理重新加密的数据。

代理重加密的工作过程如下：首先，数据供方使用自己的私钥对原始数据进行加密，并将加密后的数据发送给第三方代理。然后，第三方代理通过特定的代理重加密算法，将加密数据转换为经过重新加密的数据。最后，数据需方使用自己的私钥对经过重新加密的数据进行解密，从而获得原始数据。

通过使用代理重加密技术，数据供方可以委托第三方代理对数据进行重新加密，从而保护原始数据的安全性。数据需方可以通过解密结果重新加密的数据来获取原始数据，同时确保数据在传输过程中的可信性。

3. 保留格式加密技术

保留格式加密技术是一种密码学技术，旨在对数据进行加密，同时保持其原始的格式和结构。这种加密技术能够确保加密后的数据与明文数据具有相同的格式、长度、数据类型和语义，从而使得加密后的数据可以无缝替代明文数据在各种应用场景中使用，而无需进行格式转换或修改现有的系统和流程。

保留格式加密技术常用于需要对敏感数据进行保护的场景，例如支付卡数据、社会安全号码、电话号码、电子邮件地址等。传统的加密算法通常会将明文数据映射为固定长度的密文，导致加密后的数据格式发生变化，不适用于某些特定的应用场景。而保留格式加密技术通过特殊的加密算法和转换方法，保持数据的格式不变，使得加密后的数据可以直接在现有系统中使用，无需对系统进行修改。

保留格式加密技术的具体实现方式因算法和应用场景而异，但通常会使用可逆的转换函数，将明文数据转换为加密后的数据，同时保留数据的格式特征。这些转换函数可以基于对称加密算法、置换算法、Feistel 网络等技术实现。保留格式加密技术的设计需要兼顾数据的保密性和数据的可用性，确保加密后的数据在解密后能够恢复到原始的格式和结构。

需要注意的是，保留格式加密技术并不是所有情况下都适用，特别是在安全性要求较高的场景下。加密后的数据可能仍然存在一定的风险，因此在应用保留格式加密技术时，需要综合考虑数据的保密性、可用性和合规性，确保数据得到有效的保护和合理的使用。此外，保留格式加密技术的实现也需要考虑算法的安全性和性能，以满足实际应用的需求。

4. 同态加密技术

同态加密技术是一种独特而重要的加密技术，其在数据安全和隐私保护领域具有显著的价值。相较于传统加密技术，同态加密技术允许在加密状态下对密文进行计算操作，而无须事先解密密文。这一特性为保护敏感数据的隐私性和安全性提供了全新的解决方案。

在传统的加密技术中，若需对密文进行计算操作，通常需要先解密密文，得到对应的明文，然后进行计算，最后再将计算结果重新加密生成新的密文。然而，这种方式可能会暴露数据的明文信息，存在安全风险，尤其在计算过程中，可能会泄露敏感数据。相比之下，同态加密技术通过采用特殊的加密算法，实现了在密文状态下进行特定计算操作的能力，如加法、乘法、比较等，而无须先解密密文。在计算过程中，只能获得新的密文结果，不会暴露明文数据，确保了数据的隐私性和安全性。

根据同态加密技术支持的计算功能，可以分为完全同态加密和部分同态加密两种类型。（1）完全同态加密（Fully Homomorphic Encryption，FHE）。完全同态加密允许对密文进行任意的计算操作，包括加法和乘法等。这意味着可以对密文进行多次计算，并得到正确的结果，而无需解密。完全同态加密被认为是同态加密技术的最高级别，因为它在保持密文的同时，实现了对其进行通用计算的能力。这种高度灵活的功能为安全计算提供了新的思路，尤其对于隐秘敏感的数据处理具有重要意义。然而，由于计算复杂度较高，完全同态加密的性能方面存在一定的挑战，因此在实际中需要对性能和安全性进行权衡。（2）部分同态加密（Partially Homomorphic Encryption，PHE）。部分同态加密允许对密文进行特定类型的计算操作，如加法或乘法，但不同时支持这两种操作。与完全同态加密相比，部分同态加密的计算功能有一定限制，但相对实现更为简单，性能上也更高效。部分同态加密适用于一些特定的应用场景，例如数据聚合、搜索和统计计算等。在这些场景下，部分同态加密能够实现部分计算功能，同时保持数据的机密性，为保护隐私数据提供了有效的手段。

二、隐私计算技术

隐私计算是一种保护数据隐私的方法，旨在数据分析和处理过程中，对敏感数据进行加密、脱敏或计算保护，同时仍能够获取有效的分析结果。隐私计算能够实现“可用不可见”，也就是说可以使用数据获得计算结果但是无法看到原始数据。隐私计算技术主要包括多方安全计算（Secure Multi-Party Computation，MPC）方法、差分隐私（Differential Privacy，DP）方法、联邦学习（Federated Learning，FL）方法和可信执行环境（Trusted Execution Environment，TEE）。

（一）多方安全计算技术

多方安全计算是指在分布式网络环境中，各参与方通过网络协同共同完成某一计算任务。在多方安全计算技术中，通常包含由两个或多个持有私有输入的参与方，在不泄露各自持有数据的前提下进行联合计算任务，从而获得预期输出结果。在数据供方和数据需方的场景中，多方安全计算技术的基本计算结构如图 4–4 所示。

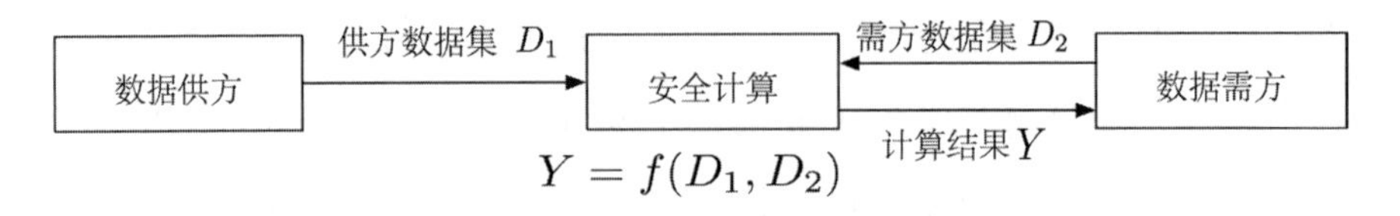

图 4-4　多方安全计算技术的基本计算结构

D_1 为数据供方提供的数据集，该数据集不会被数据需方看到；D_2 为数据需方提供的数据集，该数据集不会被数据供方看到；安全计算函数通过使用双方提供的数据集，计算出结果 Y，并将其返回给数据需方。

在多方安全计算技术中，两个性质至为重要：（1）正确性：多方安全计算中输出结果要确保是正确的；（2）隐私性：多方安全计算中的数据供方和数据需方无法获得对方的数据。

基于不同的多方安全计算技术，专家们设计了对应的多方安全计算协议，这些协议的基础技术主要包括秘密分享、不经意传输和混淆电路等技术。

1. 秘密分享

秘密分享也称为密码分割，是一种密码学技术，用于将一个秘密信息分拆成多个部分，并分发给不同的参与方，使得只有在满足特定条件下多个参与方合作才能够重构出原始秘密。秘密分享框架如图 4-5 所示。

基于秘密分享方案，衍生的技术包括可验证秘密共享、动态密码共享和多秘密共享。（1）可验证秘密共享。可验证秘密共享技术允许参与方验证其所接收到的份额是否正确，以确保秘密信息的完整性和一致性。通过加入额外的验证机制，可验证秘密共享技术增强了对秘密分享方案的安全性和可靠性。（2）动态密码共享。动态密码共享技术允许在运行时动态更改或更新秘密分享方案中的参与方。这种技术

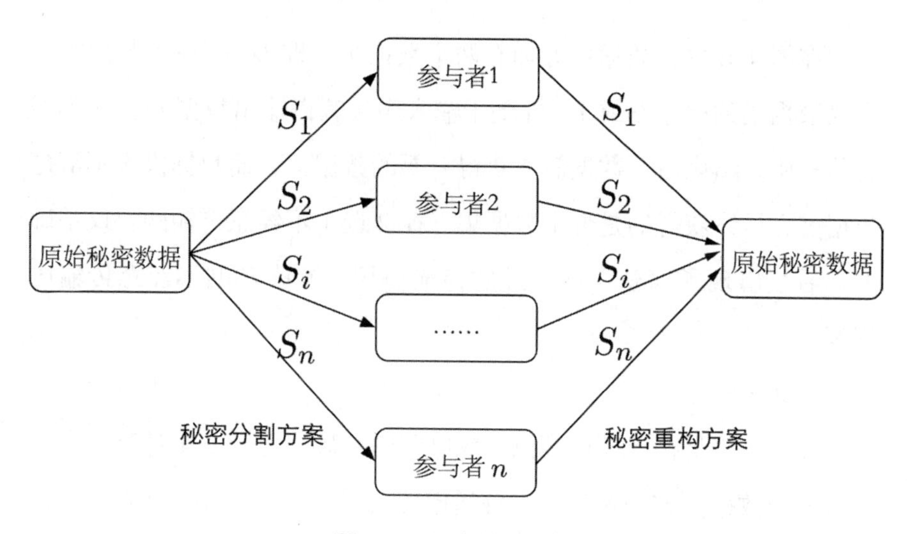

图 4-5　秘密分享框架

对于在实时环境中管理和控制秘密共享的访问权限非常有用，例如，在多人会议或团队合作中共享敏感信息。（3）多秘密共享。多秘密共享技术拓展了秘密分享方案，允许同时处理和管理多个秘密信息，它可以将不同的秘密信息拆分成多个份额，并将它们分发给不同的参与方，多秘密共享技术提供了更灵活和高效的方式来处理多个秘密信息的安全共享和管理。

2. 不经意传输

不经意传输由欧拉宾（O. Rabin）于 1981 年提出，新门埃文（Shinmon Even）在此基础上提出 2 选 1 的不经意传输。在数据供方和数据需方的场景下，2 选 1 的不经意传输如图 4-6 所示。

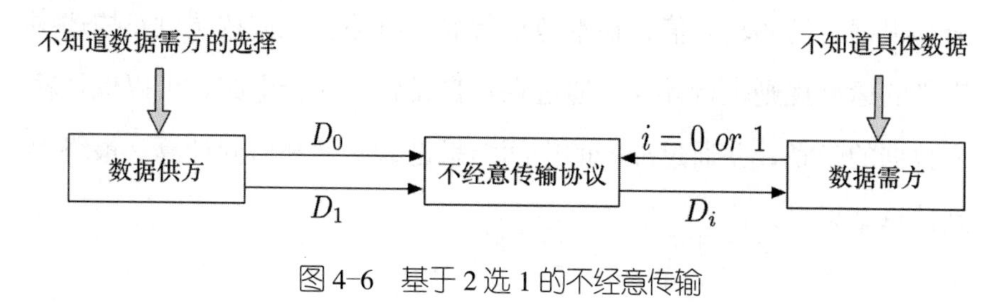

图 4-6　基于 2 选 1 的不经意传输

在图 4-6 中，数据供方拥有两个数据集，即 D_0 和 D_1。数据需方提供数据集的序号 0 或 1，并基于输入序号获得输出数据 D_i。在不经意传输协议结束后，数据需方获得需要的数据集，而数据供方不清楚数据需方最终获得的是哪个数据集。在 2 选 1 不经意传输的协议基础上，后续出现了 N 选 1 的不经意传输协议、N 选 K 的不经意传输协议等。

3. 混淆电路

混淆电路是在计算机模拟集成电路的基础上进行安全计算，在数据供方和数据需方的场景下，混淆电路的基本原理如下：首先，数据供方将计算逻辑转化为布尔电路，针对电路中每个门进行加密处理；其次，数据供方将计算逻辑和加密后的标签输入给数据需方；最后，数据需方通过不经意传输根据输入选取标签，并对计算逻辑进行解密获取计算结果。

典型的混淆电路方案包括电路生成阶段和电路执行阶段。（1）电路生成阶段。在这个阶段，数据供方和数据需方共同参与生成混淆电路，即定义计算逻辑和运算规则的电路描述。根据计算任务的要求和双方的输入数据，可以协作创建混淆电路，并使用混淆技术和加密算法对电路进行转换和编码。通过电路生成阶段，能够隐藏电路内部的结构和功能，增加电路的复杂性和不可理解性，保护电路的安全性和隐私性。（2）电路执行阶段。在这个阶段，数据供方和数据需方可以分别根据自己的输入值，在本地执行混淆电路。他们按照电路描述中定义的运算规则进行计算，通过在各自设备上执行电路，可以保持输入数据的隐私，并通过加密的中间结果进行交换和协同计算，最终得到计算结果。

（二）差分隐私方法

差分隐私是一种隐私保护的概念和技术，旨在保护个体数据的隐私，并在数据分析和信息披露的过程中提供强大的保障。差分隐私的目标是确保即使在掌握了除个体数据之外的所有其他信息的情况下，也无法推断出特定个体的信息。

差分隐私的核心思想是通过在计算或数据处理过程中引入一定的噪声和随机性，以掩盖个体数据的贡献。这种噪声或随机性的引入可以使得分析结果对个体数据的微小变化不敏感，从而防止通过对比不同的查询结果来揭示个体的敏感信息。

差分隐私方法主要分为全局差分隐私方法和本地差分隐私方法。（1）全局差分隐私是一种在数据集整体上提供隐私保护的方法。在全局差分隐私中，数据集的拥有者对数据进行预处理，例如，添加噪声或扰动，以保护整个数据集的隐私。这样预处理保证了任何个体数据的贡献都无法被单独识别出来，从而提供了对整个数据集的隐私保护。全局差分隐私的主要优势是能够提供较高的隐私保护，但可能会损失一部分数据的准确性和可用性。（2）本地差分隐私是一种在个体级别上提供隐私保护的方法。在本地差分隐私中，数据拥有者在本地对自己的数据添加噪声或扰动，以保护自己的隐私。这样的随机化处理使得个体数据的贡献难以被识别和逆向推导，从而提供了对个体数据的隐私保护。本地差分隐私的优势是个体数据保持在本地，不需要将数据集统一集中在一个中心服务器，从而减少了数据传输和共享的风险。

（三）联邦学习方法

在可信数据流通的场景下，联邦学习是一种具有隐私计算特性的先进技术，用于保护数据隐私并实现数据协作。其主要目标是在数据供方和数据需方之间实现安全合作，而无须共享原始数据，从而实现数据的可信流通。联邦学习的核心概念是让多个参与方共同训练一个全局的机器学习模型，而不需要将原始数据集集中在一个地方。在联邦学习过程中，参与方之间仅交换与模型相关的信息，而不涉及原始数据。这种分布式的学习方式可以有效地防止数据泄露和隐私侵犯，同时实现数据共享和协作的目标。

联邦学习过程主要包括两个关键步骤：模型训练和模型推理。在模型训练过程中，与模型相关的信息能够在参与方之间进行交换（不包括数据）；在模型推理过程中，训练好的模型能够被用于新的数据集中。针对不同的应用场景，联邦学习对于是否需要进行协调存在具体的需求。图 4-7 展示了需要协调的联邦学习系统。

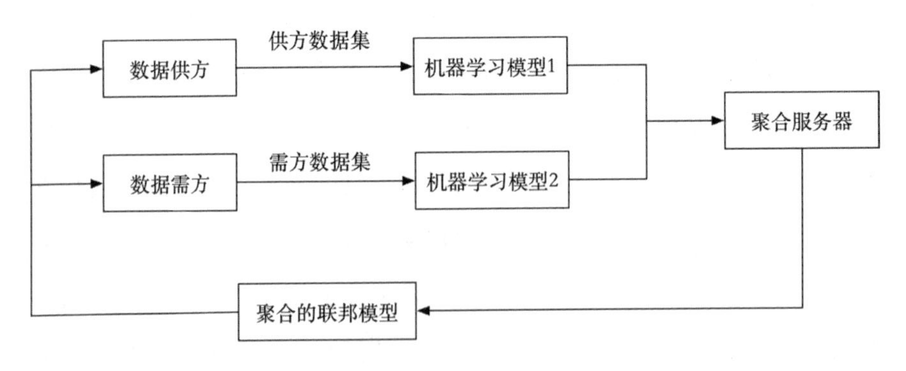

图 4-7　需要协调的联邦学习系统

在图 4-7 中，协调方是聚合服务器，又称为参数服务器。首先，在聚合服务器的指导下，数据供方和数据需方分别获取初始模型。这些模型作为起始点，随后将用于本地数据集的训练。数据供方将使用其本地数据集来训练模型，数据需方也在其本地数据集上进行相同的操作。在训练过程中，数据供方和数据需方仅处理本地数据，无需将数据共享或传输给其他参与方，从而确保数据的隐私和安全性。接着，数据供方和数据需方通过本地训练将各自的模型权重进行更新。这些更新的模型权重将经过一定的加密或聚合处理，然后被发送回聚合服务器。聚合服务器将收集所有参与方的模型权重，通过特定的算法进行全局模型的构建与更新，并发送给数据供方和数据需方。通过重复这一过程，直到模型达到收敛状态。

在整个联邦学习的过程中，数据供方和数据需方保持对其本地数据的控制和隐私保护。只有模型的更新信息被传输和聚合，而不是原始数据，这种方式避免了数据的集中存储和共享，降低了数据泄露和隐私泄露的风险。

（四）可信执行环境

可信执行环境是一种旨在提供数据和代码安全性的安全计算环境，其设计目的在于创建一个可信赖的隔离区域，确保敏感数据和关键代码在被恶意攻击或未经授权的访问下得到有效保护。可信执行环境通常包含如下组件：(1）安全处理器。安全处理器作为可信执行环境的核心硬件组件，具备特殊的安全功能和保护机制，以提供隔离、加密、安全存储和执行环境等重要功能。通过硬件级别的安全隔离，安全处理器能够阻止恶意软件或攻击者对敏感数据和关键代码的未经授权访问，确保数据的机密性和完整性。(2）安全操作系统。可信执行环境中的安全操作系统是专门设计用于管理和控制安全处理器的操作系统，其主要职责在于访问权限管理、密钥管理、认证和授权等关键安全功能。安全操作系统为可信执行环境提供了强大的安全管理和控制能力，确保可信执行环境的正常运行和数据安全。(3) 安全应用程序。在可信执行环境中运行的应用程序被认为是具有高度可信性的，这些应用程序通常承载着执行敏感计算、密钥管理、数字签名等安全操作的重要任务。由于运行在可信执行环境内部，这些应用程序能够避免受恶意软件和攻击的干扰，从而确保安全性和可信度。目前常见的可信执行环境包括英特尔公司的 SGX 技术（Intel Software Guard Extensions）、ARM 公司的 TrustZone 技术以及超威半导体（AMD）公司的安全内存加密（Secure Memory Encryption，SME）和安全加密虚拟化（Secure Encrypted Virtualization，SEV）技术。

1.SGX 技术

SGX 技术是由英特尔提出和实现的一种 TEE 技术，旨在提供一种硬件级别的安全环境，使应用程序能够在受保护的隔离区域中执行，保护其代码和数据的机密性和完整性。SGX 技术的核心是安全处理器内的受保护执行环境，又称为 SGX 区域。SGX 区域是一个被硬件隔离的内存区域，其中的代码和数据在执行过程中受到保护，即使在操作系统或虚拟化层面也无法直接访问和修改。

2.TrustZone 技术

TrustZone 技术是由 ARM 公司提出和实现的一种硬件安全扩展技术，旨在为处理器提供硬件级别的安全分区，将系统划分为安全和非安全两个隔离的执行环境。TrustZone 技术的核心是处理器内的两个隔离的安全域和非安全域。安全域是一个受保护的执行环境，其中的代码和数据在执行过程中受到保护。非安全域则是普通的执行环境。两个域之间通过特定的安全接口进行通信和数据传输。

3. 安全内存加密和安全加密虚拟化技术

AMD 公司引入安全内存加密和安全加密虚拟化技术，旨在提升处理器与系统的安全性，并实现硬件级别的数据保护。这些技术的引入是为了应对日益增长的安全威胁，特别是在云计算、虚拟化和数据中心等复杂环境中，确保敏感数据的隐私和完整性。

安全内存加密（SME）技术允许将内存中的数据进行硬件级别的加密，以保护数据在内存中的存储和传输过程中的安全性。通过使用高级加密标准（Advanced Encryption Standard，AES）算法，SME 技术将内存中的数据进行加密，只有具有正确密钥的用户或软件可以解密和访问这些数据。这种加密技术可以防止物理攻击或恶意软件对内存数据的非授权访问。

安全加密虚拟化（SEV）技术旨在保护虚拟机的内存安全性，防止虚拟机之间或虚拟机与宿主系统之间的数据泄露或攻击。SEV 技术通过为每个虚拟机分配独立的加密密钥，从而使得每个虚拟机的内存都得到了硬件级别的保护。这意味着即使在共享同一物理服务器的多个虚拟机环境中，每个虚拟机的内存数据也是相互隔离和加密的。SEV 技术确保了虚拟机的内存隐私和安全性，同时不影响虚拟化的灵活性和性能。

三、区块链技术

区块链技术由中本聪（2008）提出，该方案通过将交易数据记录在分布式的区块链上，并通过共识算法保证区块链的安全性和可信性，实现了去中心化的数字货币系统。

区块（Block）是由一系列特征值和一段时间内的交易记录组成

的一个数据结构，其中特征值主要包括区块的高度、区块的哈希值、父区块的哈希值、区块生成时间；交易记录主要包括交易数量、长度不定的交易记录以及智能合约等。

针对每一个区块，首先进行随机散列算法计算并加上时间戳，然后对该随机散列进行广播，如果其他区块已经收到则忽略，如果未收到则需要验证其有效性，有效的区块会被收到广播的区块添加到自身的区块链中。因为每一个区块均包含时间戳，后一个区块又包含前一个区块的时间戳，因此就形成了具有增强效应的区块链。区块链的链条结构如图 4-8 所示。

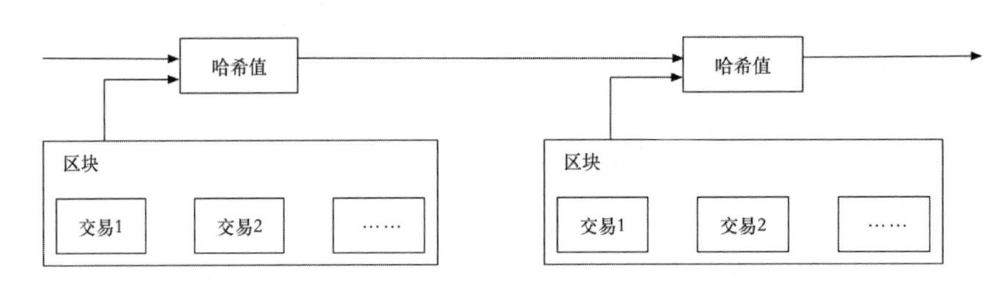

图 4-8　区块链的链条结构

在区块链技术中，共识机制和智能合约是两个核心机制，它们在保障分布式网络中节点之间的协调与运行方面具有重要意义。共识机制被广泛应用于解决分布式网络中的共识问题，其他主要目标在于确保各节点就交易的有效性、顺序和状态达成一致，从而维护整个区块链网络的安全性和可信性。常见的区块链共识机制包括：(1）工作量证明。这是比特币所采用的共识机制，要求节点通过解决一定的数学难题来竞争生成新的区块，即通过耗费计算能力的工作量来确保区块链的安全性。(2）权益证明。这是一种基于持币量的共识机制，节点的选择权取决于持有的代币数量，即持有更多代币的节点被赋予更高的机会生成新的区块。(3）共享权益证明。这是一种委托权益证明机制，通过选出一组受托人（代表节点）来负责生成区块和验证交易，即受托人轮流担任区块的生成者，而其他节点对其进行投票。

区块链中的智能合约是一种以代码形式编写的自动化合约，它是一种在区块链上执行的计算机程序，能够自动执行、验证或执行特定条件下的合约条款和交易。智能合约在区块链上运行，由网络中的每个节点进行验证和执行，而不需要中央机构的干预，它基于区块链的不可篡改性和分布式共享机制，确保了合约的可靠性、透明性和安全性。

第二节　数据可信流通前沿技术

本节跟踪数据可信流通领域的最新研究，关注两个数据可信流通的前沿技术，即跨域管控技术和全匿踪隐私保护技术，这些方法致力于解决跨领域数据流通和维护用户隐私的挑战。

一、跨域管控技术

跨域管控技术体系的主要目标是确保数据在跨越不同运维域时仍然能够受到有效的控制和保护。为了更好地理解这一概念，首先需要明确几个概念。运维域指的是一个明确定义的范围，内部包含了负责软硬件安装、配置、运维和更新等任务的特定实体或组织。跨域管控指的是一系列措施和机制，旨在确保数据在离开其原始运维域之后，数据的持有者仍能够有效地管理和监控数据的流通过程，以防止数据泄露、滥用或不当使用。跨域管控技术体系如图 4–9 所示。

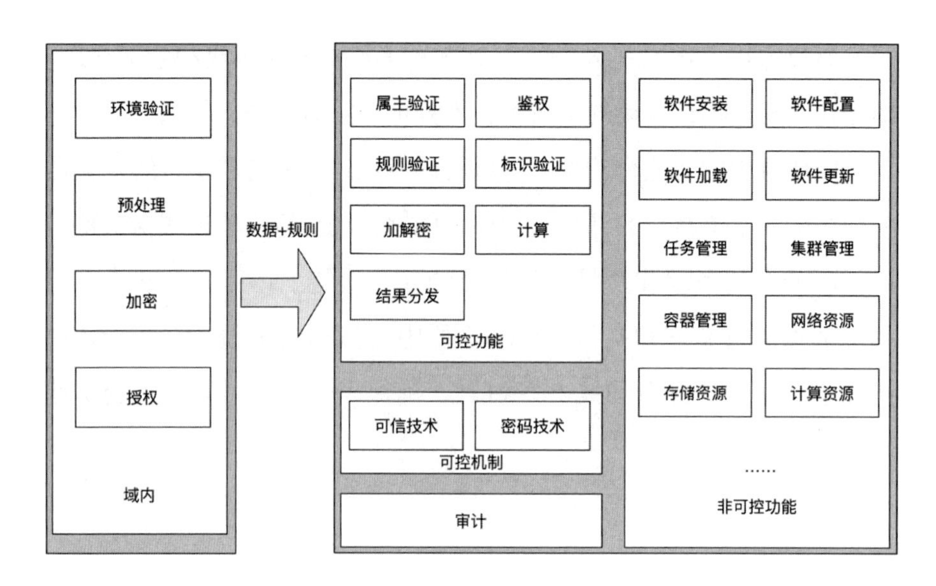

图 4-9　跨域管控技术体系

资料来源：潘无穷、韦韬、李宏宇、李婷婷、何安珣：《跨域管控：数据流通关键安全技术》，第 38 次全国计算机安全学术交流会论文集，2023 年。

域内环境在数据流通的前期负责关键任务，它包括域外环境安全性验证部件、数据预处理部件、数据加密部件以及数据授权部件。首先，域内环境会对来自域外的数据进行安全性验证，以确保数据源是可信的；其次，决定是否将数据流入到该域内环境；再次，对数据进行简单的预处理，准备数据以符合特定需求和标准；最后，域内环境会对数据进行加密并确保数据的安全传输，同时仅允许指定的域外环境访问这些数据。这一流程保证了数据的保密性和完整性。

域外环境则是数据的主要处理场所，它包括跨域可控机制部件、可控功能部件、非可控功能部件和审计部件。可控机制部件具有关键作用，限制接收到的数据只在特定范围内进行处理，以防止数据泄露或恶意攻击。它们支持多层验证，包括属主验证、规则验证和标识验证，以确保只有授权的实体可以访问和操作数据。同时，可控功能部件执行数据流通的具体任务；而非可控功能部件则提供附加功能和服务，如软件安装、软件配置、软件加载等；审计部件则记录所有数据流通的活动，以便进行后续的审计和验证。

二、全匿踪隐私保护技术

为了满足公共数据开放共享和社会数据安全融合的合规要求，以及避免传统联邦学习算法中可能出现的ID信息交集泄露问题，李月等（2023）提出了一项新技术，即全匿踪联邦学习技术。这一技术的关键目标是将整个联邦学习过程匿名化，以确保不会有交集信息泄露，同时保护所有敏感信息。

全匿踪联邦学习技术有两个显著的特点，使其在数据隐私保护方面表现出色。第一，它不再使用传统的安全求交方式来输出双方共同的样本ID集合，而是允许所有涉及方的多于交集的样本一起进入联邦学习计算。这意味着每个参与方都无法了解到底有哪些样本参与了联合建模，从而有效避免了ID信息的泄漏问题。第二，全匿踪联邦学习技术引入了强大的匿名化算法，对匿踪对齐的样本集进行处理。这个处理后的匿踪对齐样本集，不仅无法被用于识别特定自然人，而且不可能被还原为原始数据。

第三节　数据可信流通技术应用

正如第三章陈述的内容，数据可信流通需要达到来源可信、合约可信、标的可信和身份可信，但是数据本身又存在着主体多元、虚拟可复制、非标准、非竞争等技术—经济特征，因此想要实现数据可信流通，采取单一的技术或者方案往往并不会成功，因此就需要采取组合技术来实现数据可信流通。本节以两个案例来说明实际场景中运用的数据可信流通技术。

一、基于联邦学习与隐私信息检索的违约风险评估

（一）场景描述

客户向银行提出贷款申请，银行需要对客户进行评估，从而评估违约风险。传统模式中，银行需要引入外部数据增加评估效果，但是需要分享还款表现数据给合作数据方。传统模式侵犯了客户隐私，且违背了监管要求。

（二）基于联邦学习与隐私信息检索的违约评估方案

为了提升评估效果，银行需要联合其他数据方进行模型的训练，但是前提条件是不能泄露客户的数据。基于联邦学习与隐私信息检索的违约评估方案如图 4-10 所示。

在图 4-10 中，客户在向银行提出贷款申请时，银行（数据需方）为了提升模型的区分能力，需要联合其他数据方（数据供方）进行建模。为了保护客户的信息隐私，银行首先和数据供方采用联邦学习的方式进行建模，并且在建模过程中采用同态加密技术和代数混淆技术保护中间参数的传输，在模型训练结束之后，采用匿名查踪的方式给客户评分，从而避免了客户信息的泄露。

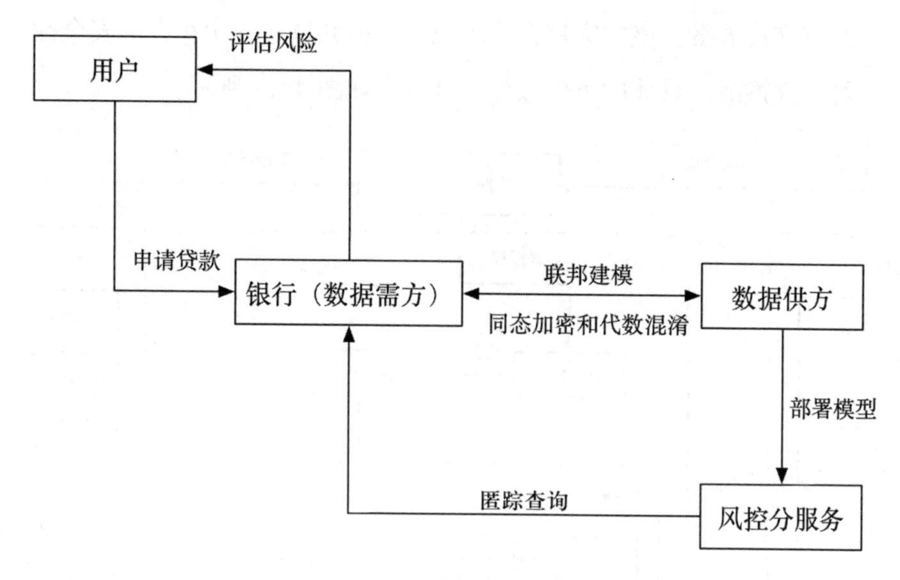

图 4-10　基于联邦学习与隐私信息检索的违约评估方案

二、基于可信执行环境和区块链的可信数据共享交换方案

（一）场景描述

深圳市腾讯计算机系统有限公司计划构建一个可信数据共享平台，该平台旨在连接数据供方、数据需方、建模服务方和监管方等多个参与方，以促进数据的安全共享与交换。该可信数据共享将提供多种功能，包括数据目录授权、密文数据交换和共享等链上操作，以满足各方在数据流通和共享方面的需求。

（二）基于可信执行环境和区块链的可信数据共享交换方案

腾讯云基于区块链技术和可信执行环境提出了一种高度可信的数

据共享交换方案，该方案旨在解决现有数据共享过程中存在的安全性和可信性挑战。具体的可信数据共享方案如图 4-11 所示。

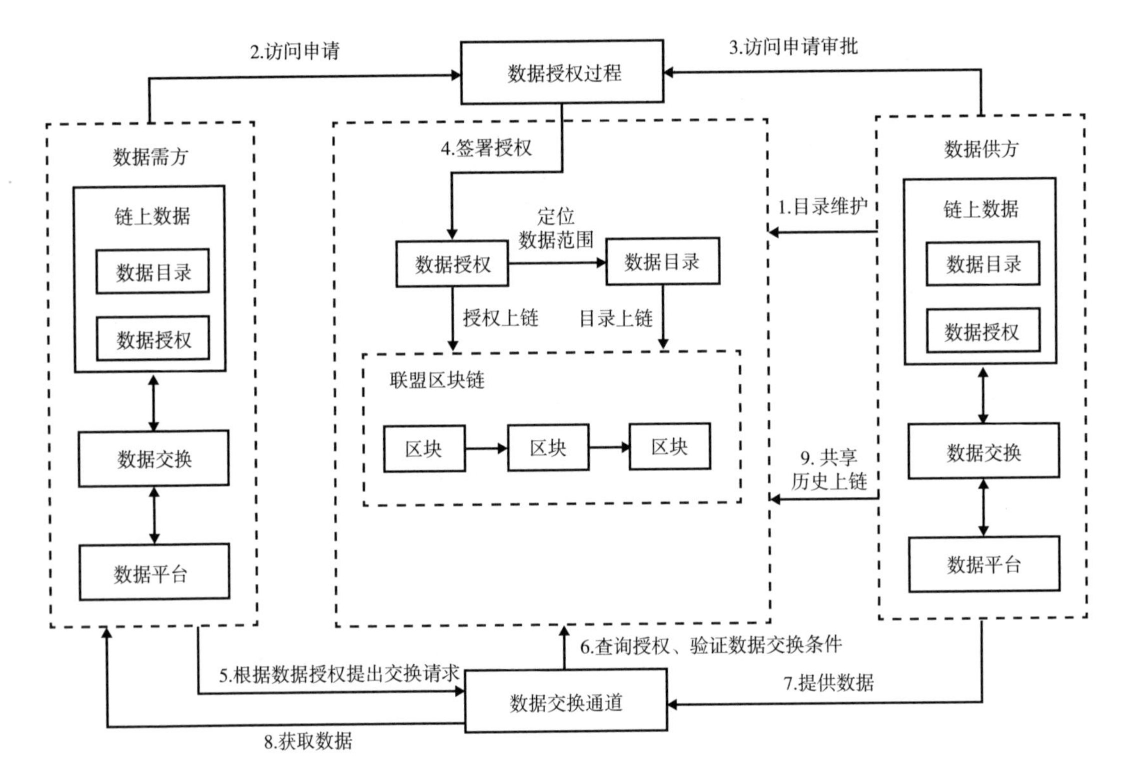

图 4-11　可信数据共享方案

资料来源：腾讯云链通数据共享平台。

可信数据共享方案为数据供方、数据需方、建模服务方和监管方等各方提供了一种可靠的数据共享解决方案。该方案实现了身份数据、数据目录（数据定义）、数据授权（线上协议）和共享数据的链上操作。同时，该方案支持多种数据交换模式，包括密文数据交换和共享，以及基于数据目录、数据授权的共享和基于数据模型、数据计算的数据共享。

可信数据共享方案具备四大优势：（1）操作可监督。该方案建立了完整的授权链条，操作行为被记录在区块链上，具有透明可监督的特性。多方参与方的权益得到保障，支持事后审计，从而确保了数据共享过程的公正性和合规性。（2）可信安全计算。通过联合多方数据计算共同建模，该方案能够更好地满足业务需求。同时，采用可信执行环境确保整个数据共享过程的安全计算，防止数据遭到篡改或泄露。（3）数据隐私保护。该方案实现了数据的实时运算，通过将数据内容或结果进行加密并上链存证，实现了数据隐私的保护。链上授权与链下权限无缝结合，使用国密算法满足金融级加密标准，保证了数据安全性。（4）实现数据价值的流通。该方案避免了数据中心化归集的风险，确保了数据所有权的保护。数据可以在各方之间流通，避免了数据被垄断的问题，并降低了多方博弈的成本。

第五章　数据流通机构

数据流通机构直接承担着匹配数据供需、实现数据流转的职责，可信的数据流通生态离不开可信数据流通机构的参与。本章围绕数据交易所、数商、数据经纪人、数据空间四类数据流通机构，重点辨析了机构的概念内涵，梳理了国内外的实践进展，介绍了四类机构的基本功能，并从声誉机制、契约机制、技术机制、监管机制等角度阐明了可信性的来源。

第一节　数据交易所

一、我国数据交易所发展状况

自 2014 年《政府工作报告》首次提出要设立新兴产业创业创新平台，在大数据等方面赶超先进，引领未来产业发展后，我国数据交易所、数据交易中心、数据交易平台（以下统称“数据交易所”）就逐步建立起来。据市场监管总局全国组织机构统一社会信用代码数据服务中心统计，截至 2023 年 8 月，全国已注册成立数据交易机构 60 家，注销 11 家。整体而言，我国数据交易所的发展具有如下几个特征。

时间特征上，数据交易所建设呈现出两个波峰，经历了从第一阶段到第二阶段的过渡（见图 5-1）。2014—2019 年，是数据交易所发展的第一阶段，也是传统型数据交易所探索与尝试的开始。随着《促进大数据发展行动纲要》将大数据上升至国家战略，2015—2017 年我国新建的数据交易所数量激增。在这一阶段建立起来的数据交易所，如贵阳大数据交易所、武汉东湖大数据交易中心、华东江苏大数据交易中心等，都面临着数据权属不明晰、数据交易规则缺失、数据交易主体不活跃等问题，实际交易表现远低于预期。鉴于该阶段的市场表现，2018 年后数据交易市场建设进入低谷。自 2019 年数据被列入生产要素以来，《中共中央　国务院关于构建更加完善的要素市场化配置体制机制的意见》《中共中央　国务院关于新时代加快完善社会主义市场经济体制的意见》《“十四五”数字经济发展规划》《中共中央　国务院关于构建数据基础制度更好发挥数据要素作用的意见》等系列数据基础制度顶层规划陆续发布，数据交易所发展进入第二阶段，并于 2021 年迎来了第二个建设波峰。这一阶段建设的北京国际大数据交易所、上海数据交易所、杭

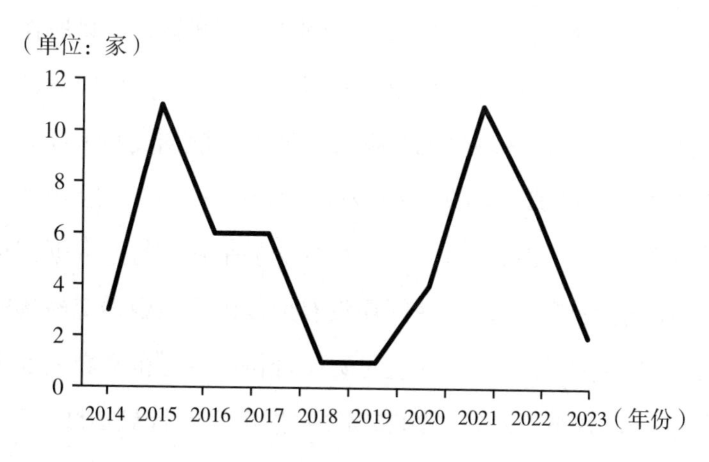

图 5-1　我国数据交易所发展的时间特征

州数据交易所等，不仅承担着数据交易撮合的中介角色，还注重牵头探索数据交易配套制度、搭建技术框架体系，围绕数据要素的全流程开展价值挖掘。

模式特征上，逐渐形成了“国有控股、政府指导、企业参与、市场运营”的运营模式。以2023年10月显示的部分数据交易所股权结构为例，国有独资的北京金融控股集团有限公司掌握了北京国际大数据交易所100%的股权；上海数据交易所37.5%的股权由国有控股的上海数据集团有限公司持有，25%的股权由外商投资企业与内资合资的上海数据发展科技有限责任公司持有，12.5%的股权由国有独资的上海国际集团有限公司持有；国有独资的云上贵州大数据产业发展有限公司持有贵阳大数据交易所67%的股权，其余则全部由国有独资的贵阳市大数据产业有限公司持有。可以看出，政府搭台、市场唱戏的数据交易所模式逐渐成熟。

类型特征上，以区域性数据交易场所为主，兼有行业性数据交易平台，部分数据交易机构向国家级乃至国际级交易场所目标迈进。在本书整理的52家政府主导型数据交易所中（见附录表3），多数交易所仍主要聚焦于地区性的数据交易，例如，广州数据交易所作为广东省数据要素市场体系的核心枢纽，坚持“立足广东，面向湾区，服务全国”的功能定位。区域性的数据交易所扮演数据交易市场守门人的角色，事关数据要素市场体系建设的“最后一公里”。近年来，中关村医药健康大数据交易平台、海洋数据交易平台等行业数据富集的数据平台也渐渐兴起。目前，我国还没有形成国家级数据交易场所。上海市人民政府办公厅印发的《立足数字经济新赛道推动数据要素产业创新发展行动方案（2023—2025年）》指出，预计到2025年，国家级数据交易所地位基本确立。

除了政府主导型数据交易所外，我国也存在着部分企业主导型数据交易平台，如京东万象、聚合数据、数据堂、阿凡达数据等（陈宏民等，2023）。这类平台往往通过自营及第三方入驻方式，提供丰富的数据资源。

二、国外数据交易平台发展状况

国外数据交易平台发展较早，如美国的 Lotame 于 2010 年就推出了数据交易 LDX 平台，数据卖家可以跨浏览器、设备和平台连接消费者；欧洲的数据交易平台 Dawex 借助其关键核心数据交易技术于 2017 年推出了全球数据市场平台等。参考阿斯科伊蒂亚和劳塔里斯（Azcoitia 和 Laoutaris，2022）的研究，本书列示了 46 家国外数据交易平台（见附录表 4）。

国外数据交易平台建设的经验主要表现在：一是推动数据交易服务供应链等实体经济，面向特定应用场景；二是突出交易平台的专业性，注重丰富特定领域的数据维度，提高数据质量；三是塑造数据交易技术的核心竞争优势，提供全面的数据产品和数据交易技术服务；四是加强利益相关者之间的联系，不仅促进数据交易共享，还为金融机构和政府部门提供衍生数据服务。①

三、数据交易所的基本功能

第一，市场交易主体身份的核实。为预防风险和规制交易，数据

① 参考清华大学智库中心、清华大学现代管理研究中心刘运辉研究员在《我国数据交易机构高质量发展路径研究》分享中的观点。

交易所应当对进行数据交易买卖双方的身份和资质进行核实，通过尽调、合同、IT 审计等多种方式从不同方面针对交易对象的资质、风险和非法行为予以调查、评估和监督。数据交易所通过核实交易主体的身份资质，确保数据市场中的交易主体守法合规、资质达标、声誉良好。

第二，市场交易标的合规性审核。数据产品在进行交易前应经过合规审核，只有通过数据交易所审核批准方可进行交易流转。数据产品的质量优劣、数据来源是否合法、数据产品是否包含敏感信息、数据交易是否涉嫌隐私泄露或损害国家主权等，都是数据交易所进行合规审核的重点内容。针对数据交易标的进行的审核，既可以采取随机抽查的方式，也可以进行逐笔审查。

第三，数据交易的匹配撮合。数据交易所提供了买卖双方交易的第三方平台，汇聚了各类交易主体的供需信息，具有丰富的信息优势，承担着数据交易双方信息交换、交易匹配和中介撮合等基本功能并据此收取中介费用，这也是数据交易所最基本的功能。

第四，数据要素的市场价格发现。正如证券交易所具有证券价格发现的功能，数据交易所在承担匹配撮合功能之外，也通过实时、大批量的数据交易，帮助发现数据产品的价格。在当前数据定价手段缺乏、定价机制不成熟的背景下，数据交易所的价格发现功能尤为重要。

第五，数据市场交易流程的备案。数据要素本身的特征决定了其在交易流转时，难以防止被倒卖、复制或者被泄露，数据交易所在引入区块链和密码学等前沿技术后，实现了数据交易流转全程记录可追溯，承担着数据交易记录、存档、备案和流程监管等方面的职责，具备协助数据交易双方实现顺利交割、权属转移、流程监管和仲裁采信等功能。

第六，协助市场监管和争议仲裁。数据交易所具有集约、高效的前沿技术，通过技术支撑和机制设计使得交易监管的有效性和持续性得到保证，也大大降低了数据交易过程中争议发生的可能性。数据交易所的交易备案一旦被采信，即可作为仲裁时的原始留存证据，为争端解决提供一手证据支撑，便于维护双方的合法权益。

四、数据交易所的可信机制

新型数据交易所在数据可信流通中发挥着重要作用，而数据交易所的可信性主要是通过声誉机制、契约机制、技术机制实现的。

就声誉机制而言，如前所述，我国目前的数据交易所以政府主导型为主。数据交易所在大数据主管部门的授权下，对数据交易双方、数据标的进行合规审核和全流程监管，不合规的数据将被排除在数据市场以外，客观上创造了一个可信的流通环境。就契约机制而言，在数据交易所中完成的数据交易都需要签订经济合同并进行备案。当买卖双方存在侵权行为时，经济合同将成为维护合法权益的法律证据。就技术机制而言，数据交易所通过引入区块链、人工智能等新一代数据交易技术，实现交易可存证、可追溯、可监管，从技术上实现增信。

数据交易所为数据交易提供了多维度的信任保障，具有场外交易无法匹敌的优势。根据观研天下（2023）的研究，未来场外交易转向场内交易是大势所趋，预估到 2050 年，场内交易占比将达到 1/4—1/3。

第二节　数　商

一、数商的概念

《"十四五"数字经济发展规划》在"数据质量提升工程"专栏中指出，要培育数据服务商，依法依规开展公共资源数据、互联网数据、企业数据的采集、整理、聚合、分析等加工业务。"数据二十条"进一步提出"所商分离"理念，即推进数据交易场所与数据商功能分离，鼓励各类数据商进场交易。近年来，数商越来越成为推动数据可信流通的关键主体。为了界定数商在数据流通中发挥的作用，我们首先需要厘清何为数商。

上海数据交易所最早提出"数商"的概念，此处的"数商"是指以数据作为业务活动的主要对象或主要生产原料的经济主体，面向数据资源的价值发现和跨组织数据资源流通的各个环节提供服务的市场主体，是数据要素价值的发现者、价值赋能者、联结者和服务提供者（上海市数商协会等，2022）。按照数据要素市场参与角色进行划分，数商可分为数据要素价值驱动企业、数据要素技术厂商、数据要素服务机构。在细分赛道上，数据资源企业、数据标注企业、数据运营企业、要素登记服务机构、要素评估服务机构、要素审计服务机构等数商，在数据要素可信流通中扮演不同的角色，对于完善数据要素交易流通有着不同的作用。

"数据二十条"指出，要培育一批数据商和第三方专业服务机构，明确了数据商和第三方专业服务机构的功能。我们可以据此推断数据商和第三方专业服务机构的内涵。所谓"数据商"，即为数据交易双方提供数据产品开发、发布、承销和数据资产的合规化、标准化、增值化服务，促进数据交易效率提高的机构；“第三方专业服务机构”是指旨在提升数据流通和交易全流程服务能力，提供数据集成、数据经纪、合规认证、安全审计、数据公证、数据保险、数据托管、资产评估、争议仲裁、风险评估、人才培训等服务的数据相关机构。

可以看出，数商、数据商、第三方专业交易服务机构等一系列概念通常重叠交织在一起。本书提出，广义上的“数商”是“数据商”和“第三方专业交易服务机构”的统称，是服务于数据的流通与交易、价值开发与实现的所有场外经济主体的集合。在数字经济时代，凡是以数据要素为交易标的、业务对象或主要生产要素投入的相关市场主体，均可以被视为数据市场中的“数商”。

二、数商的发展状况

2021年11月，上海数据交易所在揭牌成立仪式上首发数商体系，首批即进驻100家数商。其中包括数据交易主体，如国网上海电力、中国东航等；律师事务所和会计师事务所，如协力、金杜、中伦、普华永道、德勤等；数据交付类企业，如富数科技、优刻得、星环科技等。根据《全国数商产业发展报告（2022）》的初步估计，截至2022年11月，我国数商企业数量规模约为190万家（见表5-1），其中上市企业1668家，数商产业集中于长三角、珠三角、京津冀和川渝地区。可以将所有数商划分为传统大数据服务商和数据交易相关服务商两大类共计15个子类。

表 5-1 我国数商发展情况

数商类型	企业数量（家）	占比（%）
数据咨询服务商	666052	34.68
数据资源集成商	411155	21.41
数据分析技术服务商	275180	14.33
数据基础设施提供商	137621	7.17
数据加工处理服务商	121598	6.33
数据安全服务商	105063	5.47
数据产品供应商	98065	5.11
数据资产评估服务商	65975	3.44
数据合规评估服务商	21704	1.13
数据质量评估商	7371	0.38
数据人才培训服务商	4692	0.24
数据交易经纪服务商	4649	0.24
数据交易仲裁服务商	1311	0.07
数据交付服务商	76	0.00
数据治理服务商	13	0.00

在数商的发展过程中，数商的分级分类也是重要议题。2022 年 6 月，深圳数据交易所制定《深圳数据交易所数据商分级分类规则》(试行版)，在全国首推数据商分级分类。在数据商分级上，将数据商划分为生态级、核心级、战略级，形成金字塔形数据商层级。截至 2023 年 7 月 31 日，深圳数据交易所已认证数据商 184 家，包括生态级数据商 106 家，核心级数据商 65 家，战略级数据商 13 家。在数据商分类上，深圳数据交易所划定资源型、集成型、渠道型、科技型、委托型、媒体型、知识型和平台型 8 类数据商，通过细化数据商产业链分工，赋能数据要素的流通。

三、数商的功能

数商主要分布于数据收集、加工、处理、中介、交易、流转和使用的诸多环节中，主要的市场功能和职责包括但不限于挖掘释放数据要素的生产性功能、帮助实现数据要素的商业性价值等。根据《上海市数据条例》的规定，数据交易服务机构主要为数据交易提供数据资产、数据合规性、数据质量等第三方评估以及交易撮合、交易代理、专业咨询、数据经纪、数据交付等专业服务。一个公平高效和成熟完善的数据要素市场，既需要前期的基础设施建设（如集成登记、加工处理、标准评估和安保防御等硬件设施），也需要与之相配套合宜的规则制度体系，还需要创新职业人员和创业市场主体等数商的积极参与。当前，数商的相关业务可以划分为如下四个模块。

第一，数据资源的集成与处理。数商利用专业设备、算法或程序对原始数据按照一定技术标准和处理原则进行收集、加工、存储、处理，从而生产符合市场交易要求的数据产品或者相关的专业服务。

第二，数据产品的交易流转。数商在数据产品或服务的价值实现阶段，促进数据交易相关方之间的信息沟通、供需匹配和交易撮合，推动数据市场交易的达成。

第三，数据交易市场的建设、运行和维护。数商发挥专业优势，为数据要素市场的基本建设和正常运行提供全方位服务，如软硬件设施维护、专业人才培训、技术方案支持等。

第四，数据市场交易的监管与规制。部分数商也从事数据交易核对、审查、规制和监管活动，如数据交易前的资格审查、交易标的的隐私审计、数据交易流程的监管，防止数据窃取和倒卖等违法违规行为的发生。

四、数商的可信机制

一系列数商的引入，通过对接数据资源、开展经纪服务、交易监管审计等专业行为，极大地促进了数据的可信有序流通和市场化利用。例如，数据合规评估服务商通过对交易数据进行评估，客观上提升了进入交易市场的数据门槛；数据安全服务商通过技术手段，提供数据安全和隐私保护平台，减少了数据攫取和泄露的风险。

除此以外，数商也通过声誉机制和契约机制来增强数据流通中的信任关系。正如通过对个人建立征信记录倒逼个人约束自身行为、维护良好的人际信用关系一般，所谓声誉机制，即通过对数商进行信用评级，发挥优胜劣汰的市场力量，激励数商合规高效开展数据中介服务，为数据交易提供便利，由此促进数据要素的可信流通。所谓契约机制，即通过委托人和数商之间订立的经济合同来规制双方的经济行为，达到增信效果。

第三节　数据经纪人

一、数据经纪人的发展状况

在众多数商类型中，数据经纪人是典型代表，也是打通场内交易和场外交易的纽带和催化剂（Gu 等，2022）。数据经纪人的概念最早来源于美国的数据经纪商（Data Broker），伴随着经济的发展与需要，个人营销数据和金融数据被收集整理后用于分析，以便帮助企业进行产品设计、决策规划和定位营销等。根据美国联邦贸易委员会（Federal Trade Commission，FTC）的定义，数据经纪商是通过各种渠道采集消费者个人信息，并对采集的原始信息及衍生信息进行整理、分析和分享，向与消费者没有直接关系的企业出售、许可、交易或提供该信息的主体（零壹智库，2022）。狭义上的数据经纪人是收集、销售或许可与本企业没有直接关系的消费者个人信息的企业（杨铿等，2023）。简言之，数据经纪人以数据为经纪标的，在数据市场上进行买卖双方的需求匹配、促进信息沟通和协助交易达成等辅助性活动，并通过以上业务来获取佣金。

我国的数据经纪人实践起源于广东省。2021年5月，《广东省人民政府关于加快数字化发展的意见》印发，在国内首提探索建立数据经纪人机制。2021年12月，《广州市海珠区数据经纪人试点工作方案》发布，成为国内首份数据经纪人试点工作方案，明确了数据经纪人试点的工作思路、主要任务和保障措施。2022年5月，广州市海珠区公布了首批数据经纪人名单，广东电网能源投资有限公司、广州金控征信服务有限公司、广州唯品会数据科技有限公司成为全国首批“数据经纪人”。此外，广东省还创立了数据经纪人分类分级制度，海珠区首创数据经纪人分类分级遴选标准，按照业务类型将数据经纪人划分为数据赋能型、技术赋能型、受托行权型三类，按照规模划分为三级。以数据经纪人为主要抓手的数据要素流通模式，逐渐成为一条可推广复制的数据市场建设经验。

二、数据经纪人的功能

数据经纪人一般包含如下特征：经纪标的均为（消费者）个人数据；形成数据产品和服务；存在数据的进出活动。当前中国数字经济蓬勃发展，不同数据类型正在不断涌现，为此，我国数据经纪人的经纪标的不仅限于个人数据，还应该扩展到企业数据、公共开放数据和政府政务数据（不涉密、不影响公共安全的可公开数据）等在内的各种数据类型。作为数据交易创业人才创新试点的数据经纪人主要承担如下三大市场功能。

第一，数据收集整理和营运。数据经纪人的经纪标的是数据或者以数据为核心的一系列相关权属，这是数据经纪人的市场核心竞争力和职业根本所在。因此，通过合法合规渠道收集数据、进行加工处理以挖掘现实或潜在现实用途和商业价值并进行营运，构成了数据经纪人的主要工作内容。

第二，数据市场的供需匹配。数据经纪人虽然是数字经济背景下的新兴主体，但其工作本质仍然是商品服务市场中的买卖沟通、撮合与匹配。挖掘数据资源、促进市场信息沟通和撮合买卖双方匹配并协助交易达成，均是数据经纪人的重要基本职能。

第三，数据生态的市场协同。数据经纪人在数据市场中属于多面向、多任务和多关联的市场主体，除了数据市场中的交易买卖方，还有如数据合规审计方、数据权属登记方、数据价值评估方、数据交易监管方等，这些现实要素和实际需要决定了数据经纪人作为数据市场中的重要主体，必须担负起数据生态市场协同的重要职能。

三、数据经纪人的可信机制

数据要素唯有经过充分的交易流转才能释放其生产性功能、要素性红利，也只有通过充分的市场化流转才能实现高效率配置、公平化使用，在此背景下，数据经纪人是推动数据要素流通的积极制度实践。尽管我们可以通过前述声誉机制和契约机制约束数据经纪人的行为，其运作也面临着系列风险，如数据入口时的隐私保护、委托代理问题，数据出口时的经纪业务风险控制、数据质量和合规等问题。数据因其信息性而具有价值，然而个人隐私、商业秘密乃至国家机密信息等，一旦公开、售卖或者泄露均会造成不可估计的损失。因此，在鼓励流通的同时也要加强监管，并且要以控制风险作为先决条件。

为了充分发挥数据经纪人的正面作用，需要针对数据经纪人建立监管机制，以保护隐私、增强信任，鼓励流通、控制风险。针对数据经纪人的监管实践，既要考虑数据要素的创新特征，也要考察数据经纪的业务特点，通过理论分析和实践总结，数据经纪监管的规制重点主要集中在事前、事中和事后三个阶段，在信息安全和隐私保护基础上进行风险识别、预防和管控。在事前阶段，针对数据经纪人审查核实的重点应放在其是否具有从事相关职业的资质、是否具有开展相关业务的牌照，经纪交易标的是否被允许市场交易（如是否含有隐私、商业秘密和国家机密等）。在事中阶段，重点关注监管以往的交易行为，并根据交易经历对其进行风险评级提示，实行相应的预警监管措施。对于经纪交易合同，核实各项标准的履行和达标情况（如数据交易标准、经纪标准、权属授予标准和权属转移标准等）。针对经纪交易流程，还应该做到全程可追溯和关键信息可留存。在事后阶段，还需要对相应主体进行抽检、回访和后续追踪监管，尤其是要防止和杜绝数据经纪人进行未经授权或许可的私自复制、截留或者攫取数据等行为。

第四节　数据空间

一、数据空间的发展状况

《“十四五”大数据产业发展规划》指出，要率先在工业等领域建设安全可信的数据共享空间，数据空间日益成为数据要素流通领域的关键可信路径。数据空间的实践起源于2014年德国工业4.0标委会提出的“工业数据空间”（International Data Space，IDS），即以欧洲为核心的分布式跨组织可信数据共享框架。IDS旨在建立一个统一且可信的数据流通空间，以确保数据主权，即赋予数据所有者对数据在空间内流动完全的控制权。这意味着数据所有者保留对其数据的控制权，并可以确定谁可以在什么条件下使用什么数据。在IDS的定义中，数据空间是一个虚拟空间，它为基于通用协议和格式的数据交换以及安全可靠的数据共享机制提供了标准化框架。

由IDS扩展数据空间的概念，数据空间可被视为一种安全和标准化的数字基础设施，能够在各种利益相关者之间进行可信的数据交换和给予数据的服务。数据空间通过技术体系化设计和部署，在现有信息网络上搭建数据集聚、共享、流通和应用的分布式关键数据基础设施，解决数据要素提供方、使用方、服务方、监管方等主体间的安全与信任问题。[①] 目前，全球各国都将数据空间作为数据流通的关键基础设施。如中国信息通信研究院牵头建设了可信工业数据空间（Trusted Industrial Data Matrix，TIDM），华为公司牵头建设了企业数据交换空间（Enterprise Data Space，EDS）等。

二、数据空间的功能

数据空间实质上是一个可信的数据流通基础设施，数据空间需要满足的功能可以概括为以下几个方面。

建立参与者信任机制。数据空间构建的基础是建立数据交换、认证和传输的标准，为市场主体之间的信任奠定基石。此外，市场参与者在被授予对可信赖业务生态系统的访问权之前，必须经过程序化的系统评估和认证，这个筛选和资质认证过程实质上就是营建信任和构造平等的必备性举措。

确保数据安全和数据主权。数据空间的架构和组成成分经过严密的技术路径设计，从技术上保障分布式数据的安全交换。例如，数据空间通过在数据传输之前，将相关的限制信息附加在数据上，从而限制数据使用者的行为，促使其操作能够符合数据空间的行为规范或者使用规则。

打造去中心的数据生态。数据空间模型的基本理念是“去中心化”，因此在数据空间中也就没有中央数据存储能力的需要，在该数据生态系统中数据被分别存储在原先的数据拥有方处，直到在数据空间完成正式的交易或者传输，数据才会从一方转交给被信任的另

① 该观点来源于中国信息通信研究院两化所工程师周子文在工业互联网科学普及技术讲座——可信数据空间专场所做的分享《什么是可信数据空间》。

一方。

提供标准化的互操作。在数据空间中，数据空间连接器是关键核心部件，这个部件可以由不同的厂商生产或提供，且可能有多种变体和形式，但是其必须经过数据空间标准测试和认证，以确保数据空间中不同主体利用其开展实时通信和数据流转。

实现增值性开发应用。数据空间允许将应用注入数据空间连接器中，以实现在数据流转过程中的增值性服务，这些服务包括但不限于数据标准化、数据深度加工处理、数据交换协议等，此外还可以提供一些由远程算法执行的数据分析服务等。

数据空间模式的核心是提供一个成熟有效且通行经济的参考体系架构模型，这个模型构成了不同标准化认证的商业软件、服务产品和增值应用的基础，围绕此形成一个可信的数据交易、流转、应用和分享的数据生态系统。数据空间不仅开发创新标准化的应用或活动，还对现有技术进行兼容或标准化改造，从而在可能的范围内利用现成技术或标准（如 W3C 的语义标准），而非“重新发明轮子”。通过打造国际性的数据空间，数据交易与生态圈建设的国际模式逐渐成为可能。

三、数据空间的可信机制

数据空间是数据可信流通的技术保障，通过技术机制构建可信流通环境。首先，数据空间依靠可信环境和日志存证功能来解决整个流通过程中的安全性和可信度问题。可信环境和日志存证包括使用环境的动态检查、使用情况的日志记录和审计等功能，以实现在数据传输和使用过程中对软件和网络环境的动态监控，将数据使用的行为和结果记录在日志中，并根据使用后的结果进行自动审核，确保使用环境和行为的安全可控。其次，数据空间通过数据控制功能解决数据流通中范围不可控的问题。当数据从提供者流向使用者之后，数据提供者仍然有能力监督数据的使用行为。当使用行为超出数字合同约定范围时，数据提供者可以通过技术手段实现对数据的销毁和保护。数据控制包括数据访问控制、使用控制和扩展控制等功能，实现对主体和数据本身以及使用的时间、地点和方法的控制，以确保数据只有在满足数字合约时才能使用。最后，数据空间中使用的容器技术可以实现“用后即焚”，实现所有权和使用权的分离。当然，数据空间也适用声誉机制，例如，工业数据空间通过静态和动态评级来缓解数据交易中的信息不对称问题。此外，数据空间还通过经济契约建立信任关系。

目前，中国已经基于数据空间的概念，并结合中国数字经济的实际发展需求，形成了“可信数据空间”建设的思路举措。未来，可信数据空间有可能成为引领数据可信流通生态建设的重要组成部分。

第六章　数据可信流通模式

前文指出数据的可信流通需要满足以下要件，即数据流通主体身份可信、数据来源可信、流通标的可信、合约可信以及流通环境可信等。考虑到数据要素不同于资本、劳动、土地与技术等传统经济资源要素所呈现的非竞争性、易复制性与部分排他性，数据要素市场相较于传统要素市场存在更严峻的信任问题。这就使得探索发展可信的数据流通模式成为可信数据流通体系建设的重要内容。本章对应数据要素可信流通“TIME”框架中的M（Model），在明晰数据可信流通模式概念以及必要性的基础上，尝试从概念内涵、运行机制以及适用场景等内容并结合可信流通要件对多种数据要素可信流通模式进行归纳梳理，最后通过不同模式的对比分析清晰呈现出不同流通模式的内涵特征、可信机制与应用场景，为建立健全“数据来源可确认、使用范围可界定、流通过程可追溯、安全风险可防范”的数据可信流通体系夯实模式基础。

第一节　数据可信流通模式的概念基础

一、数据可信流通模式的概念内涵

数据可信流通模式是指能确保数据在其整个流通过程中保持质

量、安全性、隐私性、合规性以及可靠性的一种方式或模式。这种模式的核心在于建立信任，从而确保数据从源头到终端使用者的每一个流通环节都是可信的。它涵盖了多个关键要素，包括可信组织架构、可信合约以及可信第三方监督等内容。

可信组织架构。可信组织架构是指在数据流通过程中流通主体之间的组织结构关系，这包括数据供方、数据需方、第三方数据中介等相关主体角色，以及主体之间的相互关系和职责。一个可信有效的组织架构需要清晰地定义这些角色并分配合适的职责和权限，以确保数据可信流通管理。例如，最常见的数据三角架构，即数据供方、数据需方与第三方数据中介机构，数据供需双方通过缔结经济合同建立合约关系，来实现合同约束下的数据流通（包括数据使用权流通和数据实体流通），并且整个流通过程在第三方数据中介的监督和管理下进行，从而确保整个数据三角架构的可信度。

可信合约。可信合约涉及不同数据流通主体在法律框架内建立的经济合同关系。这类合同关系通常定义了数据权属、流通标的、流通方式、范围、期限、责任、义务以及违约责任等内容。例如，常见的数据使用协议（DUA）会明确数据使用的范围、目的和限制以及相关的法律责任。可信合约的建立和维护，确保了数据流通各方在明确的法律框架内处理数据及相关权属，降低法律风险，提升数据流通的透明度和可信度。

可信第三方监督。可信第三方监督在数据可信流通模式中起到了至关重要的作用，主要负责确保数据流通各环节的安全性、合规性以及整体的可信度。这一过程主要包括对流通主体的可信性进行监督，以确保数据供需双方符合安全和合规标准；对流通标的即数据本身的可信性进行监督，保证数据来源可信以及数据质量可信；对流通环境的可信性进行监管，确保数据在安全可控的环境中处理和传输；对流通合约的可信性进行监管，保障所有数据流通环节活动基于法律框架内透明公正的合约进行。整体而言，可信第三方监督通过对数据流通的全链条监督和管理，强化了数据流通过程中的安全性、合规性和信任度，是实现数据可信流通的关键环节。例如，数据中介模式中数据中介主体在整个数据流通过程中除了提供中介服务外，还扮演可信第三方监督的角色，负责对数据供需双方及数据流通过程的监督和管理。

总体而言，可信组织架构、可信合约以及可信第三方监督共同构成了数据可信流通模式的基础。这一模式在保证数据流通的效率和便利性的同时，确保数据从源头到终端使用者的每个环节都是安全、合规和可信的。

二、数据可信流通模式的必要性

数据可信流通模式的必要性在于其对于现代社会和经济体系的多重益处。首先，它有助于确保数据的质量和可信性。在信息时代，数据被广泛应用于商业决策、科学研究、政府治理等各个领域。如果数据质量不可信，那么基于这些数据作出的决策将会受到严重影响，可能导致不准确的结果和损失。因此，数据可信流通模式可以确保数据要素的可信流通，提高数据质量，降低决策风险。其次，数据可信流通模式有助于保护个人隐私和数据安全。在数字化时代，大量个人敏感信息被收集和传输，如个人身份信息、金融数据、健康记录等。如果这些数据在流通过程中不受保护，将会导致严重的隐私侵犯和数据泄露。通过建立可信的流通模式，采用数据脱敏技术、数据加密技术和隐私计算技术，确保数据在传输和处理过程中得到充分的保护，维护个人隐私和数据安全。最后，数据可信流通模式还有助于满足法律法规的要求。不同国家和地区存在各种数据保护法律和法规，要求数据的合法流通和隐私保护。建立可信合约，如授权协议、许可合同和信托合同等，可以确保数据的合法流通，降低法律风险，提升数据流通透明度和可信度。

综上所述，数据可信流通模式的必要性体现在保障数据质量、隐私保护、合法合规、数据安全、透明可信等多个方面。通过建立可信的流通模式，可以在数字化时代更好地应对各种挑战，推动数据的可信流通和共享，极大程度挖掘数据要素潜力，促进经济社会高质量发展。

基于数据可信流通模式的概念内涵和必要性的论述，本章主要选择介绍数据权属的许可与转让、数据授权运营、数据信托等数据可信流通模式，选择依据是这几种模式基本涵盖了数据可信流通模式在不同层次和环节的重要方面，也囊括了从一级市场的数据权属交易到二级市场的数据产品与服务交易的主要路径，为全面理解数据可信流通提供了完整的框架。

第二节　数据权属的许可与转让

一、数据权属的许可

（一）概念内涵

按照数据类型来看，数据权属的许可分为公共数据许可与非公共数据许可。公共数据权属许可模式是为了有效应对公共数据开放的“不愿”与“不能”困境。为了解决两难困境，世界各国政府尝试开发新的公共数据流通模式，其中公共数据开放许可模式是应用最广的公共数据开放流通模式（王真平，2021）。例如，2010 年英国国家档案馆制定出台的《英国政府许可框架》（UK Government Licensing Framework，UKGLF），建立开放政府许可、非商业政府许可和收费许可制度，该框架为英国中央政府和各级公共部门公共数据的使用和再使用许可提供政策和法律依据。它规定并标准化了公共数据的许可原则，并将授权开放政府许可协议（OGL）作为英国皇家机构的默认许可协议，并建议其他公共部门机构使用 OGL。[①]2013 年，美国出台《政府信息公开默认为机读的方式》，该文件摈弃了《开放数据原则》中关于政府数据“免于许可”规定，选择“开放许可”。[②]通过许可协议开放政府数据，政府公共数据得以实现更广泛、更高质量的开放。由此，许可开放作为一种优先选择方式，在政府数据开放实践中被广泛认可和推崇。

数据一方面可成为知识产权的客体，另一方面大多数数据同知识产权客体相似，多被看作无形财产。因此，非公共数据的权属许可可以类比知识产权许可，即数据权属许可是在不改变数据财产权权属的情况下，经过数据权利主体的同意，授权他人（个人、企业、社会组

---

① 《英国政府许可框架》，现已修订至第五版（2016），见 https://www.nationalarchives.gov.uk/information-management/re-using-public-sector-information/uk-government-licensing-framework/。

② 《政府信息公开默认为机读的方式》（*Making Open and Machine Readable the New Default for Government Information*），见 https://www.govinfo.gov/content/pkg/CFR-2014-title3-vol1/pdf/CFR-2014-title3-vol1-eo13642.pdf。

织等）在一定期限、范围内使用数据的法律行为。① 例如，支付宝、微信支付等移动支付平台在许可条件范围内允许商户使用其用户交易数据，以便进行市场营销、用户画像分析等活动；双方的许可协议规定了商户使用数据的目的、使用期限和安全要求，以确保用户数据的合规使用和保护用户隐私。

当数据权利主体是公共部门时，在知识共享理论支持下，政府部门和公共机构签署公共数据开放许可协议，一方面，可以淡化所有权争论，在一定的监督管理下，让公共数据更多、更快地流通起来；另一方面，许可协议中的尽职豁免条款将政府部门和公共机构从“不敢”与“不愿”中解放出来，有效缓解公共数据两难困境，这对充分挖掘公共数据经济社会价值意义重大。与此同时，公众通过开放许可协议合法取得公共数据的使用权与收益权，一方面，可以推动公共数据的有序开发利用，避免“反公地悲剧”下的闲置和浪费；另一方面，许可协议也可以避免大面积“公地悲剧”的发生。当数据权利主体是非公共部门时，权利主体为了更好地挖掘利用所控制的数据以追求更多的经济社会收益，当然有积极意愿让数据流通起来。虽然技术上可以做到数据可用不可见，然而，数据需方可能的数据滥用或者再许可等行为仍会对数据权利主体造成一定的负面影响，这些潜在风险必然会削减权利主体的数据供给意愿，阻碍数据源头供给和流通。因此，类似于知识产权许可，数据权利主体可以通过与数据需方签订授权许可

---

① 知识产权许可是在不改变知识产权权属的情况下，经过知识产权人的同意，授权他人在一定期限、范围内使用知识产权的法律行为。具体而言，根据授权许可的范围不同，可分为独占许可、排他许可和普通许可；根据授权许可是否自愿，分为自愿许可和非自愿许可，其中非自愿许可包括著作权法中的法定许可和专利法中的强制许可；根据授权许可的权利种类不同，可以分为著作权许可、专利权许可、商标权许可、商业秘密许可、集成电路布图设计专有权许可、植物新品种权许可等。

协议的方式，在相关行政部门的监督管理下，将数据使用权授权给数据需方，数据需方则在许可协议效力约束下缴纳许可费用后合法、合规、安全、有序地使用数据。一方面，许可协议可以一定程度上规避数据权利主体的供给风险，有效提升供给动力；另一方面，行政部门的监督管理以及许可协议的法律效力也会提高数据需方对数据来源的可信程度，刺激数据需求的扩大化，这同样会加快数据的流通。

因此，综合来看，数据权属许可概念是数据权利主体（持有权主体或控制权主体）通过授权许可的方式（一般是授权许可协议）许可数据需方在许可协议约定的条件范围内使用数据的行为。本质上，在“数据二十条”提出的“三权分置”框架下，数据权属许可的内涵是淡化“数据所有权交易”下的通过缔结许可协议实现的“数据使用权流通交易”。

（二）运行机制

数据权属许可是数据权利主体通过授权许可的方式许可数据需方在许可协议约定的条件范围内使用数据的行为。从主体层面有效刺激需求、提升供给意愿，并通过缔结许可协议的方式引入供需双方的经济合同关系，增加数据使用权许可流通的可信程度。数据权属许可模式运行机制如图 6-1 所示。

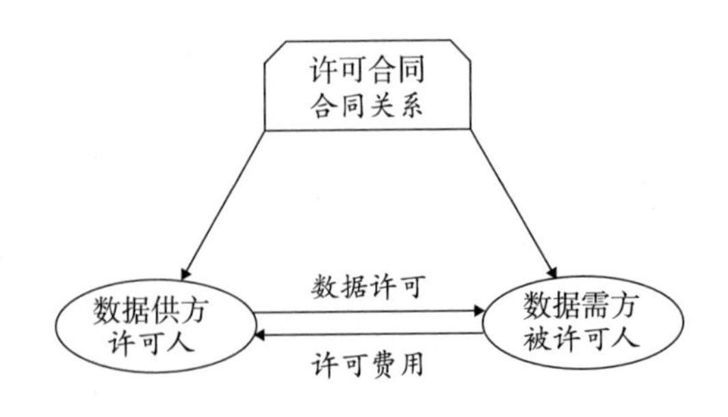

图 6-1　数据权属许可的运行机制

1. 组织结构

数据权属许可模式的组织结构相对简单，是由许可人（数据供方）与被许可人（数据需方）构成的供需双方结构（见图 6–1）。数据供需双方通过缔结数据权属许可合同协议确立经济合同关系。以上经济合同关系一方面实现了数据及相关权利由许可人沿着数据价值链向被许可人流通，另一方面也将数据及相关权利价值增值的经济社会利益由被许可人沿着反向数据价值链向许可人流通；并且以上数据、权利以及利益的流通全过程受许可合同的法律约束。数据权属许可模式正是通过供需双方许可合同的法律约束实现数据的可信流通与价值增值。

2. 典型特征

从数据可信流通角度来看，数据权属许可模式具有的典型特征为可信合约下明晰的权责关系。

如图 6–1 所示，数据权属许可模式中包含单层的可信合约，即许可人与被许可人的许可合同关系。在法律层面，借鉴《中华人民共和国民法典》第二十章第三节“技术转让合同和技术许可合同”中关于技术许可合同的相关内容，我们将数据许可合同定义为是合法拥有数据的权利人，将现有数据的相关权利许可他人实施、使用所订立的合同或协议。合同内容包括：许可使用的权利类型，许可使用期限、范围，付酬标准和办法，违约责任，双方认为需要约定的其他内容。许可合同对数据供需双方都有明确的法律约束和权责关系。许可人应当保证自己是所提供数据的合法拥有者，并确保所提供数据完整、无误、有效，能够达到合同约定的目标；许可合同明确被许可人可以使用和处理的数据类型、数量、使用方式，明确许可范围有助于确保数据的合理使用，并避免超出许可范围的数据访问和使用。对许可人的约束可以有效削减被许可人关于数据来源和数据质量的潜在风险，对被许可人的约束可以保障许可人的经济利益以及权属数据被合法、合规、合理地使用，避免需方二次许可、滥用等行为对数据权利人的损害。

数据权属许可的运营机制应确保符合相关法律法规和监管要求，遵循数据保护和隐私保护的规定。参与主体需要共同建立合规性管理机制，包括合规性审核、内部监控和外部审查等，以确保数据权属许可的合法性、合规性和安全性。首先，许可人与被许可人签订的数据权属许可合同或者协议受《中华人民共和国民法典》《合同行政监督管理办法》关于合同行政监督相关条款的约束，相关行政主管监督部门可以依据以上法律规定对许可合同的订立、效力、履行、变更和转让、权利义务终止、违约责任等内容的执行进行合规监管，保障许可合同范围内许可人、被许可人的权利义务。其次，许可人与被许可人签订的数据权属许可合同或者协议还将受到《中华人民共和国网络安全法》《中华人民共和国个人信息保护法》《中华人民共和国数据安全法》《中华人民共和国电子商务法》等数据信息安全类法律的约束，旨在保护数据的安全性和隐私，防止数据泄露和滥用，确保数据及数据权属被合法、合规、合理地许可使用。这都有助于建立可信的数据流通模式，促进数据的有效利用和合理交易，推动数据一级市场的健康发展。

（三）适用场景

在数据一级市场下，数据权属许可模式的优势特征可以被应用于多个场景，一些典型的应用场景如下。

医疗研究与合作。在医疗领域，各研究机构可能拥有大量的病人数据，包括基因组信息、临床试验数据等。通过数据许可模式，这些机构可以与其他研究机构合作分享数据，从而加速医疗研究的进程和促进新药的开发。

智慧城市项目。在智慧城市项目中，多个数据拥有者（如政府、企业、公共机构）可以通过数据许可模式，合作分享各自的数据资源，以提供更高效和智能的城市服务。例如，交通数据可以被许可给交通规划机构，以便更好地规划城市交通并减少拥堵。

农业研究和合作。在农业领域，数据许可模式可以允许各农场和研究机构共享关于气候、土壤和作物的数据，而不需要改变数据的所有权。这样可以促进农业研究和技术的发展，提高农作物的产量和质量。

这些场景展示了数据权属许可模式可以在数据一级市场中发挥重要作用，通过合作和数据共享，促进各领域的研究和发展。

二、数据权属的转让

（一）概念内涵

正如前文所说，数据一方面可成为知识产权的客体，另一方面大多数数据同知识产权客体相似多被看作无形财产。因此，数据权属转让同样可类比于知识产权转让，即数据权属出让主体与数据权属受让主体，根据相关法律法规和转让合同约定，将数据权属由出让方转移给受让方的法律行为。[①] 例如，蚂蚁集团与其母公司阿里巴巴集团

① 知识产权转让，是指知识产权出让主体与知识产权受让主体，根据与知识产权转让有关的法律法规和双方签订的转让合同，将知识产权权利享有者由出让方转移给受让方的法律行为。

之间进行了数据持有权的转让。在转让过程中，双方签订了数据转让协议，明确了数据的持有权归属和控制权的转移。与数据权属许可不同，数据权属转让一般发生在企业数据场景，个人数据与公共数据较少出现数据权属的转让。

数据权属转让概念是数据权利主体通过转让合同将数据权属转移到数据受让方的行为。在“数据二十条”提出的“三权分置”框架下，数据权属转让的内涵是淡化“数据所有权流通”下的通过数据转让合同实现的“数据控制权转移”。在数据流通领域，数据受让方通过与数据出让方签署数据转让合同依法取得数据控制主体的法律地位，进而成为新的数据流通和数据价值链的起点（宁园，2023）。

（二）运行机制

数据权属转让是数据权利主体即让与人通过转让合同或协议的方式一次性地将数据控制权转移给受让人的行为。具体的数据权属转让模式运行机制如图 6–2 所示。

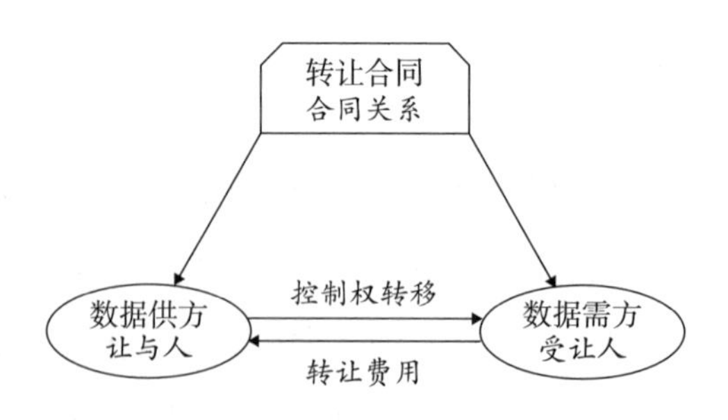

图 6–2　数据权属转让的运行机制

1. 组织结构

数据权属转让模式的组织结构相对简单，同样是典型的供需双方结构，一方是享有数据权属的权利人，即让与人，包括数据资源持有权、数据加工使用权以及数据产品经营权的权利人（见图 6–2）。另一方是数据权属的受让人或者受让方，即与让与人达成一致的意思表示、愿意受让数据权属的人。根据我国知识产权法律法规，知识产权转让的主体可以是自然人，也可以是法人及其他组织。例如，《专利法》第 10 条规定："专利申请权和专利权可以转让。中国单位或者个人向外国人转让专利申请权或者专利权的，必须经国务院有关主管部门批准。"因此，数据权属转让的主体既可以是自然人，也可以是法人或其他组织。转让合同的法律关系一方面实现了数据及相关权利由让与人沿着数据价值链向受让人流通，另一方面也将数据及相关权利价值增值的部分经济社会利益以转让费的形式由受让人沿着反向数据价值链向让与人流通。与数据权属许可模式类似，数据权属转让模式也正是通过转让合同的可信合约约束实现数据的可信流通与价值增值。

2. 典型特征

与数据权属许可模式一样，数据权属转让同样具有单层可信合约下明晰的权责关系的典型特征。如图 6–2 所示，数据权属转让模式中包含单层的经济合同关系，即让与人与受让人的转让合同关系。在法律层面，借鉴《中华人民共和国民法典》中第二十章第三节"技术转让合同和技术许可合同"中关于技术转让合同的相关内容，我们将数据转让合同定义为：合法拥有数据的权利人，将享有数据权利（数据控制权）让与他人所订立的合同。合同内容包括：转让方式、权利范围、转让费用、合同期限、违约责任、双方认为需要约定的其他内容等。转让合同对让与人与受让人双方都有明确的法律约束和权责关系。让与人应当保证自己是所提供数据的合法拥有者，并确保所提供数据完整、无误、有效，能够达到合同约定的目标；转让合同明确受让人的数据权利范围。在转让协议约定的时间和方式下，数据持有者将数据的实际控制权转移给受让方。这涉及实际的数据交付、访问权限的转移、技术系统的移交等。权属交接的目的是确保数据持有权的转让得到实质性的执行和落实。在一些情况下，为了确保数据控制权转让的合法性和有效性，可能需要进行权属登记或注册的手续。这意味着将数据的控制权转让事宜进行登记或注册，以便在权属纠纷或争议时提供证明和依据。权属登记或注册的机构可以是政府机构、知识产权局或其他相关部门。数据权属转让完成后，新的数据控制主体即合同受让人可能需要向相关方发出通知或公告，宣布数据权属的转让事实。以上数据权属转让全过程都应在可信转让合约的法律约束下完成。

（三）适用场景

数据权属转让模式突出了数据的经济价值和其作为一种资产的特性。以下是基于其优势特征的三个可信流通的适用场景。

并购与企业资产重组。在企业的并购或资产重组过程中，数据往往被视为宝贵的资产。考虑到数据的重要性和价值，公司可能决定将其数据资产转让给另一家公司。数据权属转让模式提供了一个结构化的框架，使得这种转让可以在双方同意信任的基础上进行。例如，谷歌与 Fitbit 公司之间进行了数据权属转让。谷歌以收购的方式获得了其大量的健康和健身数据。在收购协议中，谷歌和 Fitbit 明确规定了数据权利归属和使用权限。协议中还包括了数据安全要求，如数据加密和隐私保护措施。通过这种数据权属转让机制，谷歌可以合法地获取和使用 Fitbit 的数据资源，支持其健康科技业务的发展。

破产清算。当一家公司面临破产时，其数据资产可能成为清偿债务的一部分。一些数据，如用户信息、营销策略或产品研发数据，可能对其他企业或投资者有吸引力。通过数据权属转让模式，这些数据可以被合法、高效地转移到新的权利人，为债权人带来收益，同时确保数据的安全和隐私。

开放创新和研发合作。在当今的技术驱动环境中，企业越来越依赖于数据推动创新。一家公司可能拥有某个领域的详细数据，而另一家公司可能拥有数据处理和分析的专业知识。在这种情况下，第一家公司可以选择将数据权属转让给第二家公司，后者可以对这些数据进行分析和利用，从而为双方创造价值。这种合作模式不仅可以加速研发进程，还可以通过共享风险和收益来促进公私合作。

这些场景强调了数据权属转让模式在确保数据价值最大化、保护数据安全和隐私以及促进公私部门之间合作方面的重要性。

第三节　数据授权运营

一、概念内涵

数据授权运营模式的兴起同数据权属许可模式一样是为了有效应对公共数据开放的“不愿”与“不能”困境（高丰，2023）。作为流通数据的重要组成部分，公共数据具有权威性、体量大、增长快、价值高等特点。由此，世界各国政府均开展了一系列公共数据开放行动，并促成《国际开放数据宪章》（ODC），明确开放数据准则。中国、美国、英国、新加坡等均建立相应的政府数据开放平台并逐渐完善。例如，中国的北京市政务数据资源网、美国政府的开放数据网站（Data.gov）、英国政府的数据开放门户网站（Data.gov.uk），以及新加坡政府的数据开放平台（Data.gov.sg）。然而，政府数据开放平台的广泛建立并没有实现对公共数据经济社会潜在价值的高效挖掘，反而出现了社会群体感知下已开放公共数据质量差、更新慢、潜在价值低等问题[①]，这是典型的缺乏有效激励相容机制导致的供给意愿与开发能力不足问题。由此，世界各国政府尝试开发新的公共数据流通模式，先后探索出数据开放许可授权（宋卿清等，2020）、数据有偿开放（程银桂、赖彤，2016）、数据开放市场化运营（李平，2018）、数据授权运营（张会平等，2021）等数据流通模式。

当前实践已经从功能定位上将公共数据授权运营与公共数据开放区分开来。从演化角度来看，公共数据的授权运营是从开放许可授权等形式下的"有条件开放"经数据开放市场化运营向市场化授权运营方向继续演化的产物，并经过从"被动服务"转向"主动服务"的路径过程。由此演化出的公共数据授权运营模式是我国政府破解两难困境探索出的颇具中国特色的可信数据流通模式。贵州省最早尝试政府数据资产运营，成立于 2014 年 11 月的云上贵州大数据产业发展有限公司作为获得授权的政府数据运营实体，负责贵州省政府数据的运营工作。此后，成都市、上海市、北京市也陆续参与公共数据授权运营的实践探索。

借鉴高丰（2023）的做法，我们将搜集到的截至 2023 年 12 月 31 日的政府文件、条例以及学术界对公共数据授权运营的概念定义按照构成要件进行梳理，并将概念要件与数据流通要件进行匹配结合，重新得到基于数据流通视角下的公共数据授权运营的概念要件表（见附录表 5），概念要件包括：数据流通主体、流通客体、流通合约、数据流通环境、价值增值与收益分配。其中，数据流通主体包括数据

---

① Davies T., Fumega S.,*Global Data Barometer Report*（*First Edition*），2022.

供方、授权主体、授权对象与数据需方，流通客体主要讨论授权客体问题，流通合约即对应授权协议，数据流通环境要件包括运营平台、运营行为与规范约束三个方面，价值增值则考虑的是运营产出，而收益分配则主要讨论的是运营的收益分配问题。

如附录表5所示，从时间线发展的角度来说，公共数据授权运营在其概念要件构成方面经历了基础要件构建、其他要件逐步扩展和详细化过程，即公共数据授权运营的概念最初在实践中提出时只包括了一些基本要件构成，如“数据供方、授权主体、授权对象、授权客体、运营行为以及运营收益”等。然而，随着对这一概念的深入研究和实践经验的积累，这些要件开始不断扩大和细化，以更准确地描述和规范公共数据授权运营的各个方面。这种扩展包括了一系列要件的增加，如“数据需方、授权协议、运营平台、规范约束、运营产出”等。这反映了政府、业界与学术界对公共数据授权运营概念理解的不断深化和细化，以更好地捕捉和解释其复杂性和多样性。这也反映了地方政府在国家顶层设计的指导下，对公共数据授权运营进行了逐步的实际探索和实践推进。地方政府在这一领域的积极实践有助于更好地理解和应用公共数据授权运营，以促进数据资源的合理开放和可持续利用，推动数字经济和社会发展的不断提升。

二、运行机制

数据授权运营模式是如何应对“不愿”与“不能”两难困境，又是如何在机制设计上确保价值增值与收益分配条件下的可信流通呢？本节仍以公共数据授权运营模式为主要分析对象，分别从组织结构与功能特征角度来分析公共数据授权运营模式的可信基础。

（一）组织结构

如图 6–3 所示，数据授权运营一般涉及数据供方（数源部门）、数据授权主体（政府大数据管理部门）、数据运营方（多是国有的大数据集团）和数据需方（市场主体）等多个主要角色。

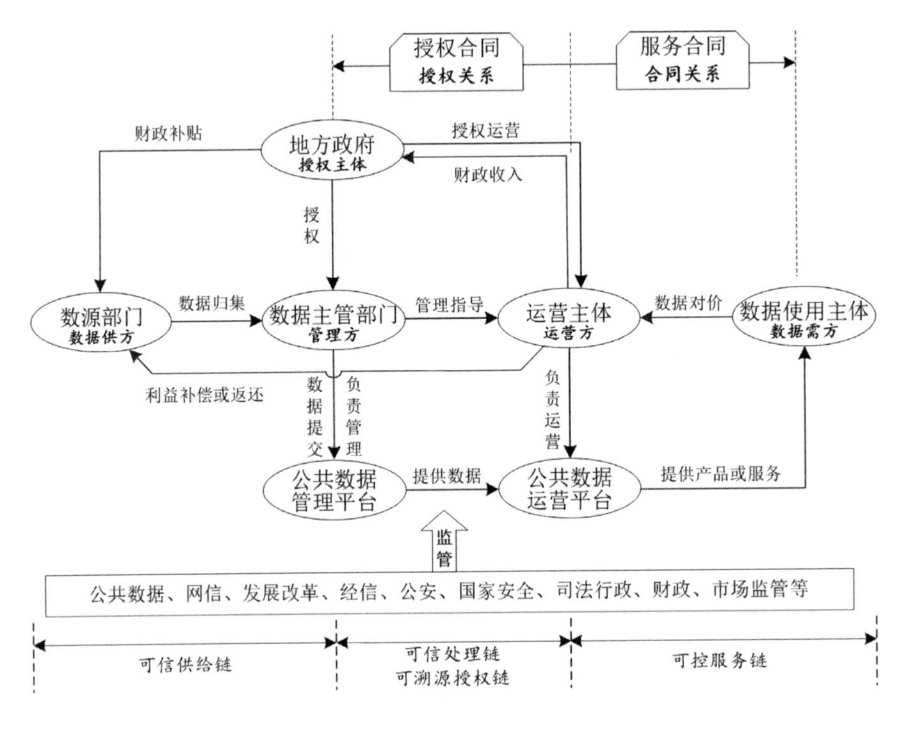

图 6–3　公共数据授权运营机制

一般情况下，数据供方与数据授权主体是同一主体，即数据持有者，如个人数据授权运营模式与企业数据授权运营模式。公共数据授权运营模式则可能出现数据供方与数据授权主体不是同一个主体的情形，即数据供方为公共数据产生的来源单位，比如各级政务部门、公共服务企事业单位等，而数据授权主体则一般是数据主管部门或者地方政府。

从可信合约角度来看，数据授权运营模式通常包含两个相互独立但又紧密相连的可信合约关系：其一是公共数据授权主体与数据运营方之间签订的公共数据授权运营协议；其二是公共数据运营方与数据需方之间签订的数据使用或服务合同。一般来说，公共数据运营方在获得数据授权后，需要考虑数据特性和授权要求，基于特定的场景需求将数据进行初步开发（一级开发）后交由公共数据加工主体进行二级开发或者向第三方数据服务商购买数据开发处理服务（二级开发）形成数据产品或者服务再卖给数据需方，并收取相应对价。总的来说，公共数据授权运营通过两层可信合约实现公共数据的可信流通。一方面，公共数据及其使用权由数源部门流向数据运营方和数据使用者，即向数据价值链的下游流动；另一方面，数据收益则由数据使用者向数据控制主体或者数源部门流动，即向数据价值链的上游流动。

数据授权运营中，数据授权主体对数据授权运营方的信任度相对较低（相比于后文的数据信托而言），因为数据的经营权、使用权是可以撤销的，即授权是有期限和条件的，这意味着数据授权主体可以在符合合同或者协议规定的条件下任何时候停止数据运营方的运营行为。此外，数据授权运营主体与数据需方之间的关系更为松散，他们可以自由地协商数据的使用方式和价格。所以，在公共数据授权运营中，数据流通的流动性和灵活性更高，政府对运营过程有足够的干预能力，避免出现侵害公共利益与安全的不利局面。

（二）典型特征

从公共数据授权运营的组织结构来看，其相较于其他数据流通模式具有三个典型特征：两层可信合约、行政化的授权机制以及严格的合规监管。

第一，如图 6–3 所示，公共数据授权运营模式中包含两层并不隔离的可信合约，即公共数据授权主体与运营方的授权协议关系以及运营方与数据使用方的使用或服务合同关系，后者经济合同关系会受到前者授权协议的辖制。与数据信托模式不同，这两层可信合约并不相互独立、相互隔离。从可信流通的角度来说，这两层并不隔离的法律关系赋予公共数据授权运营模式的可靠供给链、可信处理链、可控服务链、可溯源授权链。① 其中，在地方政府公共数据授权运营管理办法和授权运营合同协议的共同约束下，公共数据授权主体按照规定在地方政府的授权下将各级政府部门、公共服务企事业单位在依法履行职责、提供服务过程中采集、产生和获取的各类数据资源进行汇聚、编目、加工和融合形成供给过程安全可靠的公共数据有效供给。公共数据运营方取得授权后，在保护公共利益、数据安全、数据来源者合法权益的前提下，对主管部门提供的公共数据进行加工处理，形成可信处理链条；经加工处理和开发过程得到基于特定场景需求的数据产品或服务，形成可控服务链条。整个公共数据的授权运营过程在两层法律关系下做到公共数据授权链条的可溯源，具体如图 6–4 所示。然而，第二层使用合同会受到第一层授权协议的直接影响。这是因为在第一层授权协议中明确的授权主体与运营主体的权利责任关系是第二层使用合同的前提，当第一层授权合同中授权主体和运营方出现某种原因失去主体资格继而导致第一层授权协议丧失法律效力，出于公共利益及安全考虑会自然终止第二层合同关系，这会直接造成数据需方的利益受损。两层可信合约之间是否隔离和相互独立是公共数据授权运营与数据信托两个流通模式的重要区别。

---

① 中国软件评测中心：《公共数据运营模式研究报告》，https://dsj.guizhou.gov.cn/xwzx/gnyw/202205/t20220530_74436679.html。

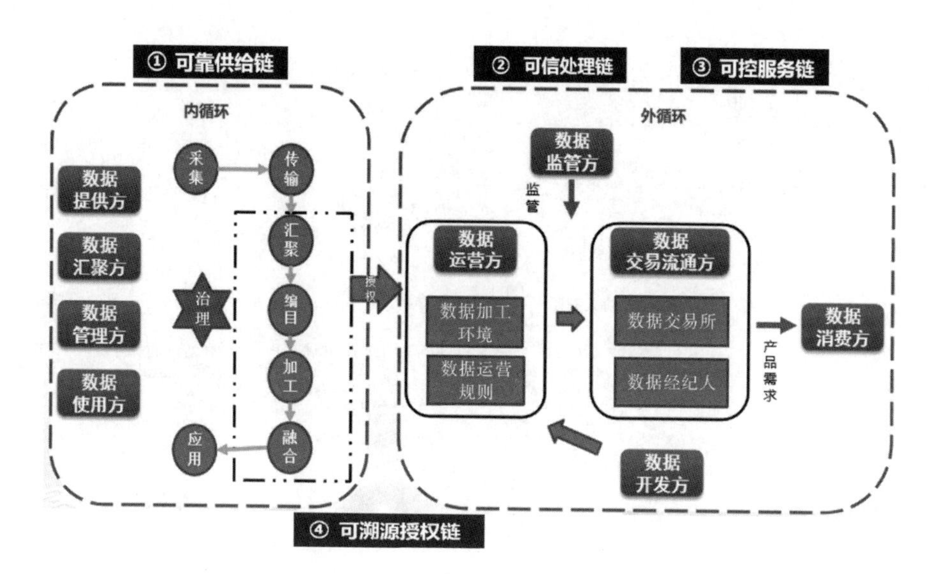

图 6-4　公共数据授权运营的可信流通过程

资料来源：张立：《推动公共数据运营　培育数据要素市场》，https://docs.qq.com/slide/DVUZFc3BJdHBHQ0Jr。

第二，公共数据的授权机制具有显著的行政化特征，并非完全放开的市场化授权机制。从以往的实践经验来看，运营方取得授权的途径包括直接授权与申请授权两种，直接授权一般是地方政府直接授权特定主体作为运营方，如青岛模式；申请授权则是由多个主体向公共数据主管部门申请，按照地方政府制定的公共数据授权运营管理办法等规定，通过“申请—评审—授权”的行政管理方式确定运营方，一般的授权运营流程如图 6-5 所示。基于现有地方政府实践来看，相关的授权运营办法中都会对运营主体提出相应的门槛条件，部分门槛条件并非市场化要求，而是基于行政管理的目标需要制定，例如，北京市要求运营主体建立党的基层组织，落实党管数据的制度建设要求等。一方面，行政化的授权过程机制可以严格把关运营主体的资格能力，降低政府端授权成本，提高授权效率；另一方面，行政化管理可以实

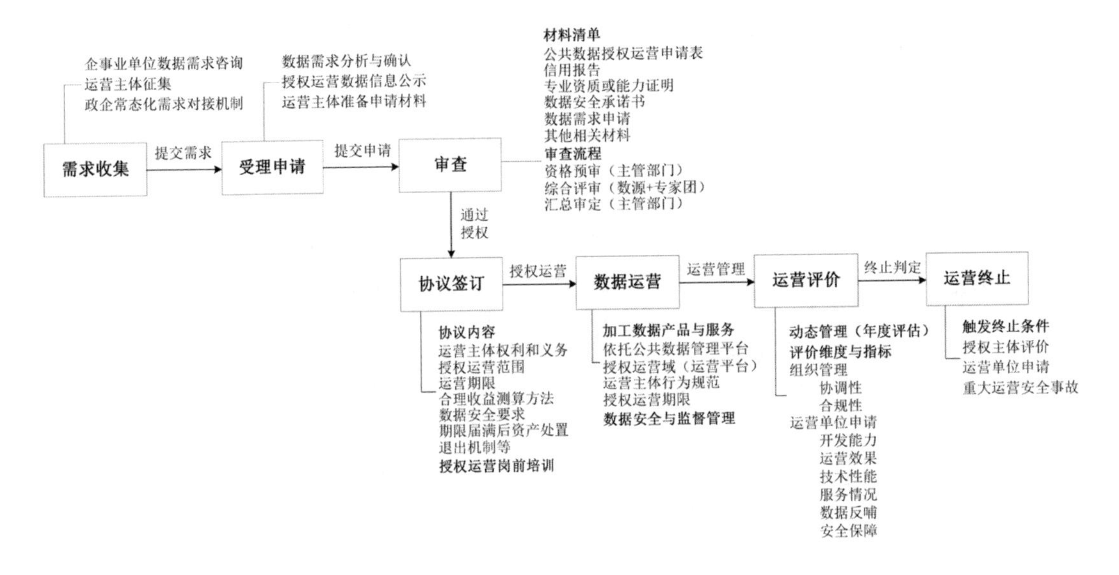

图 6–5　公共数据授权运营流程

现更严格的监督管理，确保公共数据安全与有条件开放的平衡。然而，行政化的授权机制同样会给企业端带来更多的授权成本，有限的授权运营主体更是可能会滋生公共数据垄断和数据寡头的潜在危害。

第三，为确保公共数据的安全性、完整性和合规性，强监管已成为公共数据授权运用模式的核心特征。从目前出台的相关管理办法来看，大多数文件都对数据安全监督管理有明确要求，对授权运营全过程的安全管理提出明确规定。例如，浙江省出台的《浙江省公共数据授权运营管理办法（试行）》明确列出“数据安全与监督管理”一章，北京市出台的《北京市公共数据专区授权运营管理办法（试行）》中的“安全管理与考核评估”一章等。首先，所有数据操作必须遵循“公共数据分类分级”标准，从而确保数据来源的清晰、利用的可追溯性，同时对所有相关行为进行审计以追责。其次，数据的安全性是核心。特别强调，授权运营方的首席负责人是公共数据安全的第一责任人。此外，公共数据主管部门应制定并实施严格的技术标准、审查机制和风险评估方法，对所有授权运营域的操作人员，必须进行严格的认证、授权及访问控制。应急预案和反应及市场监管同样被强调。一旦数据安全事件发生，按照预案，必须立即启动应急响应，确保减少损害，消除潜在威胁。任何违反法律的行为，都应受到相关部门的法律处置，相关信息应记录入信用档案。最后，对于违反授权协议的单位，主管部门应立即停止其数据访问权限，责令限期整改。若违反网络安全、数据安全或个人信息保护等相关法规，应由相应单位依法处罚，并记录不良信息至其信用档案。综上所述，公共数据授权运营展现出强监管特征，确保数据的安全、合规与高效利用以及可信流通。

三、国内实践动态

我国多地政府已经制定出台相应的公共数据授权运营管理办法以及相关的实施细则（见附录表 6），但运行模式存在区域差异。从目前实践来看，地方政府公共数据授权运营的模式主要包括以成都、上海、海南、青岛、重庆等为代表的区域一体化模式、以北京、浙江、广东、江苏、济南为代表的场景驱动模式两大类。下面以成都与北京为例简要介绍两类模式。

成都探索。2018 年，成都市大数据股份有限公司获得市政府政务数据的集中运营授权。结合服务平台，成都在四个层面、八个机制下，确保政府数据在权责、技术、利用和权益方面的有序、可信流通。具体运行机制如图 6–6 所示。

北京探索。北京在公共数据授权运营上有三种主要探索。一是数据基地，结合市政务服务大厅和市政务数据资源网，为企事业、民

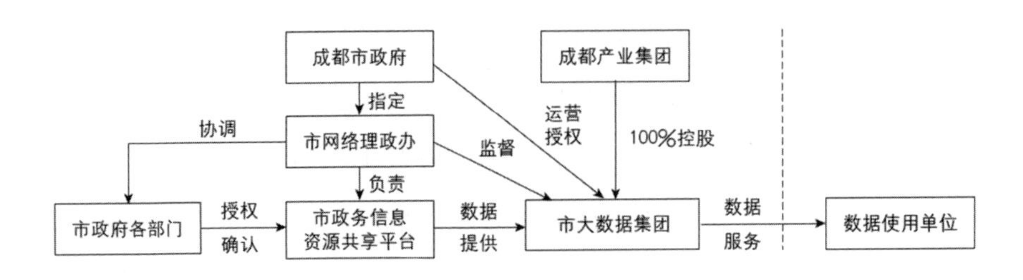

图 6–6　成都探索

资料来源：张会平、顾勤、徐忠波：《政府数据授权运营的实现机制与内在机理研究——以成都市为例》，《电子政务》2021 年第 5 期。

非等法人单位提供数据综合受理服务。二是数据专区，2020 年 9 月，北京市经信局授权北京金控集团运营金融公共数据专区。2023 年 12 月，北京市出台《北京市公共数据专区授权运营管理办法（试行）》，进一步规范公共数据授权运营工作。以金融专区为例，北京金融公共数据专区的运行机制如图 6–7 所示。三是数据交易，2021 年 3 月，

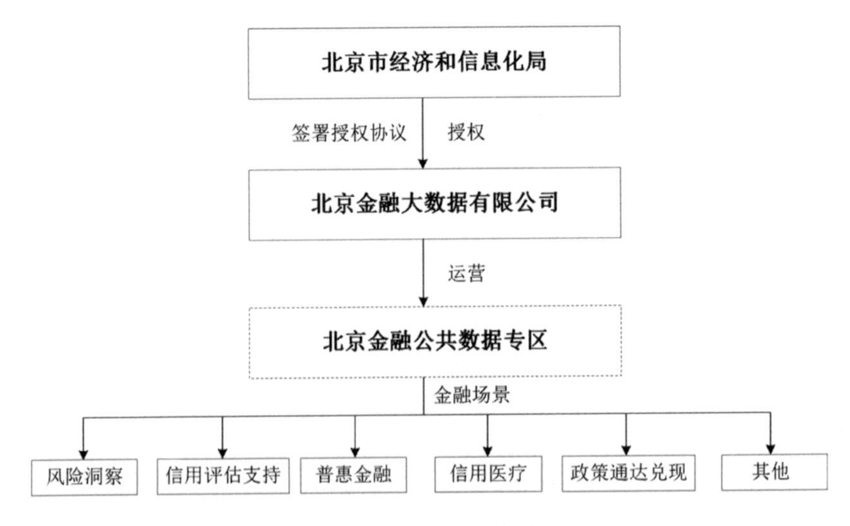

图 6–7　北京金融专区模式

资料来源：《如何让城市数据资产“活”起来？》，https://www.smartcity.team/professional/urban_data_assets_flow/。

北京大数据交易所成立，利用隐私计算、区块链等技术优势，探索高价值敏感政务数据的使用权交易，确保数据的可信流通。

这些模式和策略都显示了中国各地在公共数据授权运营方面的独特探索，都旨在确保数据的可信、安全、有效流通。

第四节　数据信托

一、概念内涵

数据信托概念的兴起是呼应公众对个人数据隐私问题的高度关注。个体信息数据实际控制者一般是信息服务型企业，通过几乎没有限制的数据采集、不透明的数据加工处理以及基于人工智能算法的偏好识别技术在加深个体消费者产品依赖的同时构建出两者高度不对等、不对称的数据权利关系（贺小石，2022）。即使是重视个人隐私权的国家和地区，例如美国与欧盟，个体消费者也很难保证个人隐私权不被侵害。对此，美国学者最早提出借鉴普通法下信托关系中的委托人、受托人和受益人之间的联系来界定这一复杂情形下数据的权利边界问题（Edwards，2004；Balkin，2016）。他们认为，数据控制主体作为信息受托人（Information Fiduciaries）需要对数据源或数据主体即个体履行信义义务，即信息受托人理论。该理论是美国宪法研究学者巴尔金（Balkin）尝试解决美国宪法第一修正案与个人隐私安全之间冲突时提出的，在美国支持者众多，包括互联网公司巨头脸书（Facebook）的扎克伯格以及众多两党议员。然而，该理论实践并没有扭转个人信息数据被大量采集和滥用的趋势[①]，引起包括美国联邦贸易委员会（FTC）主席莉娜·可汗（Lina Khan）在内的众多学者的批评与反对。从公司治理角度来看，巴尔金等人的受托人理论显然忽视了企业管理者在追求经济报酬、维护股东利益的目标下过度采集和滥用个人信息数据倾向与所需承担的信托义务之间内生利益结构上的矛盾（Khan 和 Pozen，2019；张丽英、史沐慧，2019；黄京磊等，2023）。

相较于美国学者的理论，英国学者劳伦斯（Lawrence，2016）则认为数据信托应当独立于数据控制者，是受数据主体委托维护数据主体相关权利并管理数据的组织机构。[②]霍尔和佩森蒂（Hall 和 Pesenti，2017）认为数据信托是“可信且经过验证的框架”[③]，可以增加数据的可用性和使用，以促进人工智能产业增长。德拉克鲁瓦和劳伦斯（Delacroix 和 Lawrence，2019）认为，来自汇总数据的权利应该通过信托的法律机制归还给个人，由此提出一种自下而上的“数据信托”理论。他们在个体与企业的不对等权利结构中引入一个独立第三方作为数据受托方，数据受托方将代表信托的受益人行使《通用数据保护条例》（GDPR）或其他自上而下的法规赋予的数据权利。2022 年人工智能全球合作伙伴关系（GPAI）会议报告中明确数据信

---

① 作为信息受托人理论的重要拥趸，2018 年 3 月 16 日，Facebook 承认违反社交网络规定，帮助“剑桥分析”（Cambridge Analytica）在未经用户同意的情况下，保存了 5000 万人的个人信息，用于在大选中识别选民身份并操控其意愿；即著名的 Facebook 信息泄露事件。

② Lawrence N.，“Data Trusts”，2023, https://inverseprobabiLity.com/2016/05/29/data-trusts.

③ Hall, Pesenti,“Growing the Artificial Intelligence Industry in the UK”，2017, https://assets.publishing.service.gov.uk/government/uploads/system/uploads/attachment_data/file/652097/Growing_the_artificial_intelligence_industry_in_the_UK.pdf.

托是“一种数据管理形式，该形式支持数据生产者汇集其数据（或数据权利），旨在通过独立受托人履行监督以及信托义务，并在技术框架内与潜在数据用户集体谈判使用条款，促进数据使用并提供强有力的保障以防止滥用的法律和政策干预机制”①。

不难发现，美国的信息受托人理论中，企业是数据控制主体同时也是受托人，受托人与委托人之间更多的是类似律师与客户之间的信义义务关系，而非信托关系，这与英国的数据信托理论大不相同。英国学者提出的数据信托理论更符合当下数据可信流通的应用场景需求，即将数据信托方作为数据主体与数据使用（控制）者之间受法律认可的独立第三方，充分协调数据隐私和数据流通之间矛盾冲突，有明确的、独立的、法律认可的信托关系。

尽管作为一种新兴的数据管理形式，数据信托在理论和实践上取得了一定的发展，但相关研究仍更多聚焦在个人数据隐私保护以及法律权责讨论层面，缺少对于更广泛应用场景的延伸讨论，尤其缺少从数据可信流通角度考察数据信托的理论内涵。前文表明数据信托概念提出的核心目的是平衡个人数据信息安全隐私与控制主体数据使用流通收益之间的冲突，但其内涵则不囿于解决个人数据隐私问题，数据信托概念中的信托关系、信托目的、信托财产可以有更加丰富多样的应用场景。实践中，信托关系中的委托人并不局限于个人，还可以是政府机构、社会组织或者企业；例如，多伦多海滨智慧城市项目“数据信托计划”②，谷歌子公司 Sidewalk Labs 提出了由独立的第三方收

① GPAI, “Enabling Data Sharing for Social Benefit Through Data Trusts: Data Trusts in Climate”, 2022, https://gpai.ai/projects/data-governance/enabling-data-sharing-for-social-benefit-through-data-trusts-in-climate.pdf.

② 2020 年 5 月 7 日，Sidewalk Labs 正式宣布终止多伦多 Quayside 项目。该项目虽然终止，但是 Sidewalk Labs 尝试引入第三方数据信托来管理公共数据的创新举措值得借鉴。

集并存储多伦多 Quayside 智慧城市测试站点中收集的公共数据。信托目的也不局限于自益目的，也可以是他益目的；例如，英国的莫菲尔德眼科医院和伯明翰大学医院委托 INSIGHT[①] 管理医院数据，后者设立数据信托咨询委员会用以审核访问行为，保障患者和公众利益。其受益人既可以是数据委托人，也可以是指定的其他用户或最终用户。另外，信托财产既可以是数据权利，也可以是数据本身。例如，日本的信息银行，即个体将数据委托给信息银行，信息银行加工处理后出售给需求企业产生经济利益，数据主体可获得一定收益[②]；英国数据信托中委托人可以是个人、组织在内的数据持有者，信托财产也一般是数据权利而非数据本身。

二、运行机制

数据信托基本实现了从法律层面平衡数据权利结构，从主体层面协调数据隐私与流通交易，从监管层面规范数据流通，构建出可信的数据流通机制与环境，保障利益合理分配，促进数据价值增值。基于上文论述的数据信托概念与内涵，绘制数据信托运行机制（见图 6–8）。

（一）组织结构

如图 6–8 所示，数据信托模式的组织结构主要包含多个主体：数

① INSIGHT 由莫菲尔德眼科医院 NHS 基金会信托基金与伯明翰大学医院 NHS 基金会信托基金合作领导，见 https://www.insight.hdrhub.org/。

② 《情報信託機能の認定に係る指針 Ver2.1（关于信息信托功能的认证指南 2.1）》，见 https://www.meti.go.jp/press/2021/08/20210825001/20210825001-3.pdf。

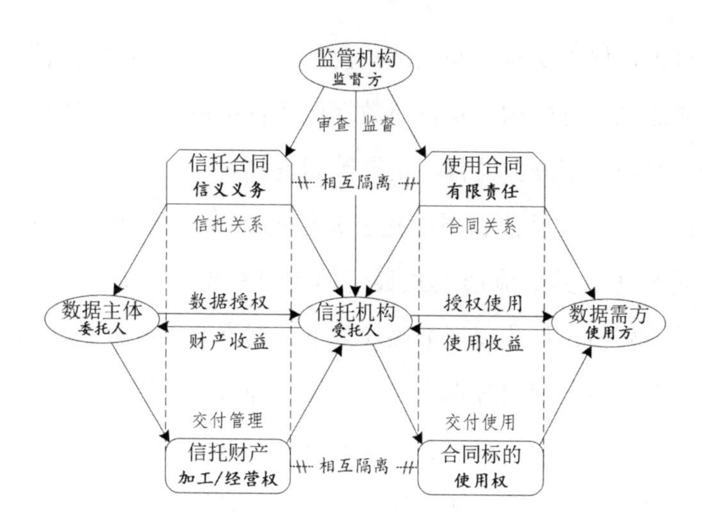

图 6-8 数据信托运行机制

据主体（委托人、受益人）、数据信托机构（受托人）、监管机构（监督方）以及受托人面向的数据需方（使用方）。以上架构是一个简要的自益型数据信托，而他益型数据信托多见于公共数据信托（后文适用场景中会提及，这里不做赘述）。

根据前文数据信托的概念内涵，以及《中华人民共和国信托法》《中国银保监会信托公司行政许可事项实施办法》的相关规定，组织结构中委托人一般是数据控制者或达到一定数量的数据主体，本书主要借鉴英国模式，将数据主体作为委托人。受益人一般是委托人指定的或享有数据财产权的主体，自益型数据信托的受益人一般是数据主体即委托人。委托人基于对受托人的信任，以数据财产权设立数据信托，并将其委托给受托人，这里的受托人为合法合规成立的独立第三方信托机构（信托公司），受托人按委托人的意愿以自己的名义，为受益人的利益或者特定目的，对数据信托财产进行管理或者处分。受托人不仅需要在法律法规约束下保护委托人数据的隐私安全，还需要面向数据需方的需求加工处理数据，提供价值增值的数据产品或服务并收取对价，保障受益人的经济社会利益。组织结构中的监管机构即相关法律法规执行机构，履行对数据信托各主体以及主体间法律关系的缔约、登记、审查、监督与指导等职责。

根据《中华人民共和国信托法》相关条款以及国内外相关实践，数据信托相比于其他流通模式最能体现“数据二十条”中“三权分置”设计的精巧，具体表现为该模式下数据资源持有权、数据加工使用权和数据产品经营权分别由三个主体所拥有，分别为委托人（数据主体）、数据使用方与受托人（信托机构），且数据信托的运行机制即是以上三种权利在不同主体间流转的过程。具体来说，数据信托包含两个可信合约即信托合同与使用合同两个经济合同，其中信托合同关系实现的是数据财产权向信托机构转移，而信托财产本质上就是数据加工使用权和数据产品经营权。信托机构通过信托合同关系获得财产权授权后，可以通过直接或者间接（间接即通过数据中介或者数据经纪人与数据使用方撮合对接数据需求）与数据使用方签订数据使用合同，将数据加工使用权授权许可给数据需方，并收取对价。数据信托模式一方面实现了数据及相关权利（财产权、数据加工使用权、数据产品经营权）由委托人沿着数据价值链向受托人和数据使用方的可信流通，另一方面也将数据及相关权利价值增值的经济社会利益由数据使用方沿着反向数据价值链向受托人与受益人流通。

（二）典型特征

从以上数据信托的组织结构来看，数据信托相较于其他数据流通模式有以下特征：相互隔离的两层可信合约、明晰的权责关系、灵活的利益分配机制以及严格的合规监管。

首先，数据信托模式中包含相互隔离的两层可信合约关系，即委托人和受托人的信托合同关系与受托人与数据使用方的使用合同关系。在法律层面，《中华人民共和国信托法》第三章第十五条规定："设立信托后，委托人死亡或者依法解散、被依法撤销、被宣告破产时，委托人是唯一受益人的，信托终止，信托财产作为其遗产或者清算财产；委托人不是唯一受益人的，信托存续，信托财产不作为其遗产或者清算财产；但作为共同受益人的委托人死亡或者依法解散、被依法撤销、被宣告破产时，其信托受益权作为其遗产或者清算财产。"因此，信托合同关系成立后，信托财产从委托人转移到受托人即信托机构，信托财产不再受委托人的经济状况变化（比如债务关系）而受到影响，这是第一层隔离关系，即受托人与数据使用方的相关法律关系与委托人经济状况变更是隔离的、独立的，数据使用方对数据信托财产的使用不受委托人的影响。同样地，数据使用方对数据的加工使用产生的可能负面事件也独立于委托人的信托合同，即委托人也不受数据使用方在数据加工使用过程中可能出现的违法违规行为的负面影响，这便是第二层隔离关系。以上两种相互隔离的法律关系实现了数据委托人与数据使用方的风险隔离功能；且在一定程度上，既刺激了数据权利人通过数据信托来供给数据，也刺激了数据使用方通过数据信托来对接数据消费，实现了从数据价值链两端共同刺激数据流通的功能。

其次，在两层相互独立的可信合约约束下，数据信托模式有明晰的权责关系。一是委托人与受托人之间的信托合同关系，受托人应对委托人承担信义义务，履行对委托人的诚实审慎地兼顾数据隐私安全与可信流通的数据管理职责；二是受托人与数据使用方之间的使用合同关系，数据使用方确定数据来源合法，认可数据质量，并在使用合同相关协议范围内合法合规地加工使用数据。个人数据、公共数据作为潜在的数据源，出于数据主体的隐私顾虑和安全风险考量没有得到充分开发，在宏观层面上构成数据要素有效供给不足的重要原因（黄京磊等，2023）。数据信托模式下各主体间明晰的权责关系可以实现刺激数据交易流转，保障各数据流通主体权益的功能，可以极大地挖掘个人数据、公共数据的潜在价值增值潜力，助力数据经济发展。

再次，相较于其他数据流通模式，数据信托由于开放的受益人指定特征，让其拥有非常灵活的利益分配机制。灵活的利益分配机制可以让数据信托在自益、他益甚至是公益类型之间根据实际需要来设定。例如，日本信息银行模式按照合同约定经营管理个人数据，并将数据收益以优惠券、货币等利益分配形式返还给个人。这一利益分配机制与美国的信息受托人模式有显著区别。相比于个人数据，公共数据更缺少供给动力，而数据信托则为公共数据供给提供可行的激励相容设计环境。对于完成公共数据分类分级后确定为可以公开共享的公共数据，政府可以通过设立公益信托的方式实现服务社会治理、提供公益性服务等公共利益分配机制，例如，英国的“打击非法野生动物贸易”数据信托旨在全球范围内打击非法野生动物贸易。总的来说，灵活的利益分配机制可以有效增进数据参与、激发数据活性、促进数据流通、加快数据价值释放。

最后，数据信托具有强监管特征，这在设立、变更、终止和公共利益监督等方面得到充分体现。第一，对于数据信托的设立，监管要求其及时完成数据权属的登记和数据信托合同的备案。大规模数据信托需经过严格的行政审批。鉴于数据的可复制性和非竞争使用特点，未登记的数据有“一数多卖”的风险，可能损害数据信托方和数据使用者的权益。同时，考虑到大规模数据既有技术门槛又涉及国家安全等问题，信托方必须符合更高的监管标准。第二，当数据信托目的无法实现或数据委托方错误处理数据时，数据信托应该被变更或终止。

若数据委托方未妥善处理敏感信息，导致原始权利人隐私被侵犯，应迅速调整或终止信托。第三，监管部门必须确保数据信托不被用作逃避债务或违反国家规定的手段。第四，与传统信托不同，数据信托需要公共利益审查，以防止其产生较大的社会风险。总之，数据信托需强监管以确保数据可信流通、保护公众利益并维持市场秩序。

三、适用场景

相较数据要素产品直接交易等模式，数据信托具有权利结构明晰、交易风险可控、流通功能多元等优势，更适宜被应用于个人数据与公共数据的可信流通。

（一）个人数据信托适用场景

健康数据场景。信息银行作为个人数据信托者，为数据主体提供了一个安全的环境来存储其敏感的健康数据。确保数据在存储、管理和传输过程中得到加密和脱敏处理，防止未经授权地访问。当医疗机构或研究组织需要访问这些健康数据时，它们可以与信息银行进行交涉。信息银行在收到明确的请求后，经过对数据主体的告知和获得同意，将数据以脱敏和加密的形式提供给这些机构，确保数据的可信流通。数据主体在分享其健康数据时可能会从信息银行获得相应的奖励或补偿，例如健康保险的优惠、药物折扣等。这种方式确保数据的价值被公平地回馈给数据的所有者。

金融数据场景。个人数据主体的金融数据，包括消费习惯、投资历史等，被存储在信息银行中。作为数据信托者，信息银行确保这些数据得到充分的加密和保护，防止非法访问和泄露。金融机构如银行或投资公司在提供服务或产品时，可能需要访问数据主体的金融数据。它们可以与信息银行达成协议，经过数据主体的授权后，获得相关数据，确保数据的真实性和完整性。当数据主体分享其金融数据以获取更优化的金融服务时，它们可能会从信息银行获得利息减免、投资优惠等奖励。这确保了数据的价值被公正分配。

购物和旅行数据场景。数据主体的购物习惯和旅行历史数据被存储在信息银行。信息银行确保这些数据不会被未经授权的第三方访问，确保数据的隐私和安全。商家和旅行机构可能需要访问数据主体的购物和旅行数据以提供定制服务。它们可以与信息银行交涉，并在得到数据主体的授权后，访问这些数据。当数据主体分享其购物和旅行数据时，它们可能会从信息银行获得优惠券、旅行套餐优惠等作为奖励。这种机制确保了数据主体从数据的共享中获得公正的回报。

（二）公共数据信托适用场景

公共交通数据信托。交通数据信托可以作为多个交通服务提供者之间的中立第三方，实现数据的集成和应用。数据信托将采取技术手段，如去个人化处理，确保在分析和共享数据时，不泄露用户的具体轨迹。通过数据信托平台，政府、运输公司和研究机构可以共享和分析数据，以优化交通系统。参与数据信托的交通服务提供者在共享数据的同时，也可以从中获得收益，保障它们的运营成本。

公共医疗卫生数据信托。在医疗健康科技的新时代，医疗数据信托保障数据的保护和共享。患者的健康信息是敏感数据。数据信托保证只有授权的医疗机构才能访问这些数据，并确保其隐私不受侵犯。数据信托鼓励医疗机构共享数据，以促进医学研究和治疗创新。数据提供者在数据信托中可以获得研究资金或其他形式的收益，以支持数据的更新和优化。

第五节　数据产品与服务的可信流通模式

一、数据交易所模式

（一）概念内涵

数据交易所模式是数据二级市场下的可信数据流通模式。它通过提供安全、透明和合规的交易环境，确保数据交易的可信度和有效性，提供交易的可追溯性和争议解决机制，增加数据买卖双方的信任，促进数据的公正流通和价值实现。

数据交易所模式起源于对数据资产的商业价值的认识以及随着数字化技术和互联网的发展对数据流通和共享的需求日益增长。传统的商品和证券交易所为买家和卖家提供了一个交易平台，数据交易所延续了这一概念，为数据买家和卖家提供了一个结构化、安全和合规的交易平台。2022 年 12 月，我国发布了“数据二十条”，明确提出统筹构建规范高效的数据交易场所。中国信息通信研究院的数据显示，截至 2023 年 8 月，我国各地先后成立 50 家数据交易所（中心、平台），其中部分已注销，仍有部分数据交易所正在筹备建设中。

数据交易所模式可以定义为一个集中式的平台，该平台连接数据供应商和数据消费者，为双方提供标准化、合规和透明的数据交易、许可和分发服务。该模式下，数据使用权等相关权属可以根据各方的需求和协议进行转移，从而创造商业价值。从可信流通的内涵角度来说，在数据交易所模式中，可信流通意味着数据的交易活动是透明、可追溯的并且遵循适用的法律和监管规定。这通常需要交易所提供相应的安全和隐私保护措施，例如数据加密、匿名化和权限控制等，以确保数据的完整性和保密性。数据交易所的发展可能会引发更广泛的数据流通和共享，从而催生新的数据产品和服务，创造新的商业模式和机会。此外，随着数据交易所的普及，有可能出现跨行业和跨地域的数据交易所网络，为全球范围内的数据流通和共享创造更多的可能性。

（二）运行机制

在数据交易所模式中，不同的参与主体共同确保数据的可信流通。这种模式的核心在于创造一个公平、透明且有效的数据交易环境。下面，我们从组织架构、合约关系及权利责任方面论述数据交易所模式下各参与主体如何确保数据的可信流通。

1. 组织架构

从组织架构来看，数据交易所模式涉及众多主体，归纳来看包括以下几类：(1) 数据供方，提供数据资源的主体，一般是企业或组织；(2) 数据需方，需求和使用数据的主体，如企业或研究机构；(3) 数商，在数据交易中提供撮合、评估和其他相关服务的平台或机构；(4) 数据交易所，为数据供应者和需求者提供交易的平台，支持数据的上架、上市、买卖等；(5) 监管机构，确保交易公平、透明，保护参与方权益的机构。

从可信合约与权利责任来看，数据交易所一般拥有多层法律关系。(1) 数据供应者与数商存在委托合同关系，数据供应者授权数商在数据交易所上发布数据信息，并依靠数商的撮合服务寻找合适的数据需求者。数商有责任确保数据信息的真实性、完整性和保密性。（2）数据需方与数商存在服务合同关系。数据需求者使用数商提供的服务来查找、评估和交易数据。数商有责任确保提供的数据符合数据需求者的要求，并且交易过程中的所有信息都是公开、透明的。（3）数商与数据交易所之间，数商依赖数据交易所为数据供需双方提供一个交易平台，并且遵循交易所的所有规定和标准。数据交易所有责任确保交易的公平性和公正性，并对数商的行为进行监督和管理。通过明确的组织架构和合约关系，数据交易所模式可以确保数据的可信流通。其中，数商的角色虽然是撮合服务，但其公正、透明的服务机制对于增强整个交易模式的可信度是至关重要的。在这个模式中，所有参与方的权利和责任都是明确的，这有助于创建一个公正、透明且高效的数据交易环境。

2. 典型特征

数据交易所模式具备一系列独特的优势特征，使其成为数据可信流通的一个有效模式。（1）集中化交易。数据交易所提供一个统一的平台，使得数据供应者和需求者可以在同一个场所进行交易，降低了寻找潜在买家或供应者的成本。（2）规范化流程。数据交易所往往会制定一系列规则和标准，确保数据的交易在一个公正、透明且有序的环境中进行。这些规范化流程可以为交易双方提供保护，避免欺诈和不公平的交易行为。（3）数据质量保障。许多数据交易所会实施一定的数据质量审核机制，以确保交易所内的数据达到一定的标准和质量。这为数据购买者提供了信心，因为他们知道购买的数据是经过筛选和验证的。（4）保护隐私和安全。数据交易所通常配备先进的安全和加密技术，以确保数据在交易过程中的安全。同时，它们还可能制定隐私保护措施，确保敏感信息不会被不当使用或泄露。（5）价格透明性。在数据交易所中，数据的价格通常都是公开的，这有助于形成一个公平的市场，使得供需双方都能在知情的情况下进行交易。(6) 提供增值服务。许多数据交易所不仅提供数据交易服务，还提供其他增值服务，如数据清洗、数据分析、数据可视化等。这为数据需求者提供了更大的便利。(7) 促进跨行业合作。由于数据交易所汇集了各个行业的数据供应者和需求者，这为跨行业的数据交换和合作创造了机会。(8) 法规遵从与合规性。数据交易所通常会紧密关注相关的数据交易和数据保护法律法规，并确保其操作和服务符合法规要求，为交易双方提供了一个合法的交易环境。

总之，数据交易所模式通过其集中、规范、透明和安全的特点，为数据的可信流通提供了一个有效的机制。

二、数据中介模式

（一）概念内涵

数据中介模式已经在多个领域，尤其是电子商务和金融科技领域中，得到了广泛的应用和研究。数据中介模式的思想起源于传统的中介理论，它解决了买卖双方在交易中的信息不对称问题（Arrow，1963）。在数字化时代，当数据成为交易的核心时，数据中介为数据的提供者和需求者之间搭建了桥梁。数据中介模式可以定义为一个组织或平台，其主要功能是促进数据的提供者和用户之间的交互，并确保数据的可信流通（闫志开，2023）。它的核心价值在于为双方提供一个安全、高效的环境，以便分享、交换和利用数据。在数据中介模式中，可信流通主要体现在以下几个方面：一是数据的隐私和安全，确保在流通过程中数据不被未经授权的第三方访问或滥用；二是透明度和可追溯性，确保数据流通的各个环节都可以被追踪和审计，增加系统的信任度；三是质量和完整性，确保流通的数据是准确、完整和及时的。随着技术的进步，如区块链（丁滟等，2022），数据中介模式也在不断地演进（倪楠，2023）。数据中介模式广泛地涵盖了各种组织和结构，旨在促进数据提供者与数据消费者之间的交互，被广泛讨论的数据经纪人模式就是典型的数据中介模式的一种类型。

（二）运行机制

数据中介模式中的可信流通涉及多个参与方，其间的经济合同关系及权利责任的明确与执行是可信流通的关键。数据中介模式通过两层可信合约的制度设计来保证数据的可信流通组织架构环境。

可信合约之一是数据提供者与数据中介之间以许可或者托管合同形式存在，通过合同明确数据中介可以对数据执行的操作、数据的使用范围、存储方式以及数据安全要求等。数据提供者有权知情和同意其数据如何被使用，数据提供者有权获取数据存储、传输和使用的透明记录。数据提供者需确保提供给数据中介的数据是真实、准确和合法的；数据中介要确保数据的安全存储、传输和处理，避免未经授权的访问或泄露。可信合约之二是数据使用者与数据中介之间通常是购买合同或许可合同关系，本质上还是数据使用许可合同关系，通过合同明确数据消费者可获取的数据类型、使用范围、费用结构以及数据来源等信息。数据使用者向数据中介支付费用，以获取特定数据的访问或使用权。合同会明确数据使用者的权利和限制，如数据的使用范围、持续时间、是否允许再次许可等。数据使用者有权知晓数据的来源和获取途径，数据消费者有权对不准确或错误的数据提出异议或纠正请求。与此同时，数据使用者需合法使用所购买或获取的数据，并遵循合同约定。

数据中介模式通过以下制度设计确保数据可信流通：一是透明度原则，制度设计需要强调所有参与方的透明度，使得各方都能明确了解数据的来源、使用和传输方式；二是责任和违约制度，制度中应明确违反协议或法律规定的惩罚措施，这是确保参与方行为的关键；三是纠纷解决机制，制度设计中应包括快速有效的纠纷解决机制，以处理可能的冲突；四是数据安全和隐私，制度必须明确数据安全和隐私保护的要求，以及在数据泄露或滥用时的补救措施；五是持续审查和更新，随着技术和市场的发展，制度应适时更新以满足新的需求和挑战。综上所述，组织机构的制度设计在数据中介模式中起到了桥梁的作用，连接了各参与主体，通过明确的经济合同关系和权利责任，确保了数据的可信流通。

（三）适用场景

医疗健康数据交换。医疗数据涉及个人隐私，其交换和分享需要高度的信任和安全性。数据中介模式可以帮助不同的医疗机构之间流通患者数据，而不必直接交换原始数据，从而保护患者隐私。例如，一位患者在多家医院接受治疗，各医院可以通过数据中介获取该患者的相关历史医疗记录，为患者提供更好的医疗服务。

金融交易与征信。金融交易中，尤其是跨境交易，需要验证双方的信誉和资格。数据中介模式可以作为第三方提供征信验证，确保交易的安全和可靠。此外，对于贷款、投资和其他金融服务，征信机构可以使用数据中介模式查询申请人的信用记录，而不必直接访问原始的财务数据。

供应链管理。在复杂的供应链网络中，各参与方需要共享各种数据，如库存、订单、物流等。数据中介模式可以作为供应链中的可信第三方，确保数据的真实性和及时性，同时保护各参与方的商业机密。这样，供应链各方可以更有效地调整生产和配送策略，优化资源配置。

这些场景均侧重于高度的数据隐私、安全性和效率，数据中介模式能够为其提供高效、可靠且安全的数据流通机制。

三、数据托管模式

（一）概念内涵

不同于传统的数据处理和控制模式，数据托管模式旨在创造一个更公平、透明且高效的数据流通环境。

数据托管模式的起源可以追溯到云计算和数据仓库的发展。随着数据量的增长和数据种类的多样性，企业和研究机构开始寻找能够安全、高效地存储和管理数据的解决方案。在这样的背景下，数据托管的概念逐渐成型，被视为一种新型的数据存储和管理方式（Zhang 等，2015）。数据托管模式主要是指将数据委托给第三方机构进行存储、管理和维护的模式。这种模式允许数据所有者将数据存储在一个安全的环境中，而不必担心数据的安全性和完整性问题（姚前，2023）。在数据托管模式中，可信流通主要是指数据的安全存储、传输和处理过程。由于数据被委托给专业的第三方机构，这些机构通常具备先进的数据保护技术和严格的数据安全管理政策，因此可以确保数据的安全性。此外，数据托管机构通常会与数据所有者签订明确的合同，明确双方的权利和责任，以确保数据的安全使用和流通。随着技术的发展，数据托管模式也在不断地延伸和演变。例如，现在的数据托管不仅仅是简单地存储数据，还可能包括数据清洗、数据分析和数据可视化等服务。这些服务进一步增强了数据托管模式的可信度和吸引力。

数据托管机构，作为所有数据主体的受托者，对数据资产进行集中托管，从而能够确保数据的安全、可控性和高效利用。在传统的数据流通方式中，很多问题逐渐显现，例如，数据处理者利用技术和应用场景优势垄断数据权益，导致原始数据的提供者即数据主体，不能从数据的转移和应用中获得公平的收益。此外，由于数据处理者通常会利用自己的技术优势来建立自己的数据标准，这进一步加剧了数据孤岛和数据垄断的问题。与此不同，数据托管模式希望打破这种不平衡的格局。在这个模式下，数据的存储、使用和管理被切分开，每个部分由不同的专业实体来承担。数据托管者提供公共、可信的数据存储和托管服务，而数据处理者则在特定的监管条件下采集和处理数据，并向消费者提供数据产品和服务。同时，经过处理的数据也会交由数据托管机构统一存储。这种结构不仅确保了数据的安全性和可靠性，还为监管机构提供了更加方便的手段，使其能够更有效地防止数据滥用、监控数据跨境流动、执行执法取证、征收数字税等。

更重要的是，这种数据托管基础设施改变了原有以数据控制者为核心的模式，转向以数据为中心，从根本上调整了数据权益分配的格局。数据消费者和数据处理者之间可以建立公平的定价机制。这样的制度设计有助于确保每一个参与数据流通的实体，无论是数据主体、数据处理者还是数据消费者，都能在流程中获得公平的待遇和权益。

（二）运行机制

数据托管模式的制度设计是为了确保数据的可信流通。各参与主体之间的组织架构、可信合约和权利责任在这一模式中起到了关键的作用。

1. 组织架构

从组织架构来看，数据托管模式主要涉及四个主体。(1) 数据供方，即数据权利主体，一般是数据的原始提供者或拥有者，比如个人或企业；(2) 数据托管方，负责数据的存储、管理和保护，它们为数据主体、数据处理者和数据使用者提供中立和公正的数据服务；(3) 数据处理方，在托管模式下获取数据，并进行加工、分析等操作；(4) 数据需方，使用经过处理的数据或基于这些数据开展业务活动。在这种组织架构中，通过将数据存储、处理和使用三个环节明确分开，确保了数据的流动性和透明性，使各方都能够在一个公正和公平的环境中获得数据服务。

2. 典型特征

从合约关系来看，数据托管模式存在三层可信合约：一是数据托管方与数据供方的关系，数据主体将其数据交给数据托管者，与其形成托管合同关系。二是数据托管方与数据处理者的关系，数据托管者根据合同和监管规定为数据处理者提供数据。数据处理者在处理数据后需要将加工后的数据再次存储于数据托管机构。数据托管方与数据处理者签订合同或服务协议，明确双方在数据处理、存储、管理、传输和使用等方面的权利和义务，数据托管方作为数据主体的受托者，有责任保护数据主体的权益。数据处理者在使用这些数据时，必须尊重数据托管方的这种受托地位，并确保数据使用的合法性和正当性。

三是数据需方与数据使用者的服务合同关系，数据使用者与数据处理者形成服务合同关系，由处理者为使用者提供数据服务。

在以上三层可信合约约束下，数据主体有权知道其数据被如何使用和处理，并享有数据的原始权益。数据托管者负责确保数据的安全、完整性和隐私，同时要确保数据处理和使用的透明性。数据处理者有责任遵循托管和处理数据的相关法规和标准，并对加工的数据质量负责。数据使用者有责任遵守数据使用协议，确保不违反数据的使用条件，如隐私条款等。为了确保数据的可信流通，制度设计还应包括适当的审计和监督机制，确保各参与方都遵守规定，以及为数据主体提供适当的补救措施。数据托管模式下的制度设计，通过明确各方的组织架构、可信合约和权利责任，从根本上为数据的可信流通提供保障。

（三）适用场景

健康医疗信息交换系统。在健康医疗领域，可以建立一个集中的数据托管平台，用于管理和交换个人的健康和医疗信息。通过数据托管模式，可以确保数据安全和隐私保护，同时实现数据的高效和准确交换。例如，患者可以更方便地与不同的医疗机构分享其医疗历史和健康信息，而医疗机构也可以更容易地获取和利用这些数据来提供更好的医疗服务。

智慧城市和公共服务管理。在智慧城市建设中，数据托管模式可以用于集中管理和交换各种公共服务和城市管理数据。通过数据托管平台，可以实现数据的集中存储和管理，同时提供一系列的数据服务和应用程序编程接口，以便各个部门和机构更高效地利用数据来提供公共服务和城市管理。例如，通过数据托管平台可以实现交通数据、环保数据、公共安全数据等的集中管理和交换，从而提高城市管理的效率和水平。

金融服务和风险管理。在金融领域，数据托管模式可以用于实现金融数据的集中管理和安全交换。通过数据托管平台，可以实现金融机构之间的数据交换和共享，同时确保数据安全和隐私保护。例如，通过数据托管平台可以实现银行、保险公司和证券公司之间的数据交换和共享，以便更好地进行风险管理和提供金融服务。

以上场景均表明数据托管模式可以有效地解决数据孤岛问题，促进数据的安全和高效流通，从而提高数据的利用效率和价值。

第六节　数据可信流通模式的对比与展望

一、数据可信流通模式对比

本章基于数据一级市场、二级市场的边界划分标准选取数据权属的许可与转让、数据授权运营、数据信托以及数据产品与服务可信流通模式等多种数据可信流通模式，分别从概念内涵、组织架构、典型特征与适用场景等角度详细进行论述，基本涵盖了数据可信流通模式在不同层次和环节的重要方面，为全面理解数据可信流通模式提供了重要的参考。

本小节将主要从流通标的、组织结构、典型特征以及适用数据类型等方面对数据可信流通模式进行对比（见表 6-1），旨在明晰各类模式的边界和适用范围。

表 6-1　数据可信流通模式对比

可信流通模式	流通标的	组织结构	典型特征	适用数据类型
数据许可模式	数据使用权	许可人与被许可人组成的供需双方结构	单层可信合约下明晰的权责关系	个人数据、企业数据与公共数据
数据转让模式	数据资源持有权、数据加工使用权、数据产品经营权	让与人与受让人组成的供需双方结构	单层可信合约下明晰的权责关系	企业数据
数据授权运营模式	数据加工使用权、数据产品经营权、数据产品与服务	地方政府、数据管理部门、数源部门、运营主体、数据需方、监督管理机构等组成的多主体结构	两层可信合约、行政化的授权机制以及严格的合规监管	公共数据
数据信托模式	数据加工使用权、数据产品经营权、数据产品与服务	数据控制主体、委托人、信托受益人、信托机构、数据需方等组成的多主体结构	相互隔离的可信合约、明晰的权责关系、灵活的利益分配机制	个人数据、公共数据
数据交易所模式	数据产品与服务	数据供方、数据需方、数商、数据交易所等组成的多主体结构	集中化交易、数据质量保障、保护隐私和安全、提供增值服务、促进跨行业合作、法规遵从与合规性	企业数据、公共数据
数据中介模式	数据产品与服务	数据供方、数据需方以及数据中介或数据经纪人等组成的多主体结构	多方清晰的可信合约法律关系、透明度、保护数据安全和隐私、持续审查和更新	个人数据、企业数据与公共数据
数据托管模式	数据产品与服务	数据供方、数据需方、数据托管机构、数据加工处理方等组成的多主体结构	三层可信合约法律关系、审计和监督	企业数据

流通标的方面，按照数据一级市场与二级市场的划分标准，一级市场主要涉及数据权属的流通，对应的主要是数据权属的许可与转让模式。其中数据权属许可模式的流通标的主要是数据使用权许可，数据权属转让模式的流通标的则是数据资源持有权、数据加工使用权、数据产品经营权转移，实质是数据控制权的转移。二级市场对应的主要是数据产品与服务的流通，主要包括数据交易所模式、数据中介模式、数据托管模式三类，需要注意的是，托管模式最终是数据产品与服务的流通，中间可能涉及加工处理过程。此外，数据授权运营与数据信托是横跨一级市场与二级市场的可信流通模式，都包含至少两个数据流通环节，前一个是数据加工使用权的许可流通，后一个是数据产品和服务的流通。以上四大类可信流通模式基本涵盖了流通标的的各类范式，实践中可以参照以上划分选择恰当的可信流通模式。

组织结构方面，数据权属的许可与转让模式在结构上都是相对简单的供需双方结构，可信合约也是单层的许可合同与转让合同关系，区别在于许可模式是许可人与被许可人组成的供需双方结构，转让模式对应的是让与人与受让人组成的供需双方结构。其余三类模式均是多主体的组织结构或至少两层及以上的可信合约关系，其中需要注意的是，除了数据信托外，其他模式的多层可信合约之间并非完全独立，基本上都存在一定的关联关系；而数据信托则是相互隔离独立的两层可信合约，在组织结构和可信合约上，数据信托模式更加清晰明确。

适用数据类型方面，这是四类数据可信流通模式的重要边界，这里选择适用数据类型而不是适用场景，主要考虑到适用场景没有数据类型更能直接区分不同可信流通模式的范围。以上四类可信流通模式中，只有数据权属许可以及数据中介模式是适用于个人数据、企业数据与公共数据等全部数据类型的，主要是与这两类模式的流通标的、组织结构与法律关系有关。数据转让模式与数据托管模式主要适用于企业数据，企业数据的应用场景与这两类模式的流通标的、组织结构与法律关系更为符合。不同于欧美采用数据信托模式，我国首创公共数据授权运营模式来解决公共数据的“不能”与“不愿”，以更加符合我国国情的模式来为公共数据搭建可信流通渠道。除此之外，数据交易所模式是企业数据与公共数据的重要流通路径，同时也是我国现阶段及未来可信流通体系建设的重要内容。

二、数据可信流通模式发展展望

现代社会依赖于海量的数据，不仅需要确保这些数据的准确性和可信度，还需要保护数据的隐私和安全。为此，数据可信流通模式应运而生，成为保障数据交易、传输、使用的核心机制。

随着数据要素价值的不断挖掘与释放，经济社会发展对数据可信流通模式的需求将进一步加剧。数据可信流通模式的未来发展方向，特别是在可信组织架构、可信合约和可信第三方监督这三个关键要素方面，将密切结合技术进步、市场需求和监管环境的变化而发展。

在可信组织架构方面，未来的发展将着重于建立更加灵活和动态的组织模式，以适应快速变化的技术和市场环境。这可能包括跨部门、跨组织甚至跨国界的数据协作和共享机制，以及去中心化的管理模式，如利用区块链技术实现的分布式数据管理和流通。这样的架构不仅能提高数据流通的效率，还能增强系统的透明度和可信性，以适应不断变化的数据需求和合作模式。

对于可信合约，未来的趋势可能会集中在国际合规标准的建立和智能合约的应用上。随着数据流通的全球化，建立一套统一的国际数据保护和交易标准变得越来越重要。同时，智能合约的使用将简化数据交易过程中的法律合规审查，提升数据流通使用的透明度和可信度。此外，未来的可信合约可能还会包括数据伦理的考量，确保数据的使用不仅遵守法律规定，同时也符合社会伦理和道德标准。

在可信第三方监督领域，未来可能将重点发展实时监督技术和自适应监督机制。这意味着通过大数据分析、人工智能等技术实现对数据流通过程的实时监控和预警，以便及时发现和应对可能的风险和违规行为。同时，监督机制也将变得更加灵活，能够根据数据的具体使用场景和风险程度自动调整监督策略。

数据可信流通模式的创新趋势将由其关键要素——可信组织架构、可信合约和可信第三方监督共同决定。未来将看到更加动态和互联的组织架构、跨国界和跨行业的法律协调，以及智能化的监督系统，这些发展必将引领数据可信流通模式的创新浪潮，进一步提升数据流通的效率，强化安全性和合规性，同时促进数据的全球共享和利用。

第七章　数据流通的敏捷监管体系

数据流通监管体系建设是确保数字经济健康有序发展的关键。在数据日益成为关键生产要素的今天，没有健全的监管体系，数据价值将难以得到最大化利用，同时数据的交易与流通也将面临各种潜在的风险和挑战。开展数据流通的敏捷监管不仅是确保数据安全合规流通的手段，也可以促进监管方和利益相关方适应快速变化的环境、优化资源利用、支持创新和增强信任。本章内容是本书TIME框架中的E（Examination）部分，构建了数据流通的敏捷监管框架。

第一节　敏捷监管

数据作为生产要素具有可复制性、非竞争性、非匀质性、非排他性和虚拟性等特征，与传统的劳动力、土地、资本、技术等生产要素具有显著差异（严宇、孟天广，2022）。数据要素的特征决定了其在生产、确权、评估、定价、交易等市场环节均有别于传统生产要素。数据要素的可复制性导致了流通和交易环节很容易出现数据的截流和复制行为，并且数据具有很强的衍生性，可追溯成为数据要素流通和交易的核心需求之一。数据要素流通和交易的监管需要根据其特性因地制宜，这也对数据流通的监管提出了更高要求。当前数据流通的政策、技术、法律和市场环境等方面处在不断变化迭代中，敏捷监管能够快速适应这些动态变化，非常契合数据流通领域。

一、敏捷监管的概念与内涵

敏捷（Agile）是响应变化的能力（Gren 和 Lenberg，2020），是一种应对不确定和动荡的环境并最终取得成功的方法。[①] 敏捷是一场势不可挡的商业革命，敏捷时代正在来临（Denning，2018）。敏捷治理（Agile Governance）是人类社会通过敏捷能力与治理能力的结合与协同，快速可持续地感知、适应、响应环境变化的能力（Luna 等，2015），倡导在快速变化的环境下，通过灵活、动态、迭代的方式进行决策和管理，以提高组织的响应速度和适应能力。敏捷治理是一个相对较新的、广泛的、多学科的领域，敏捷治理驱使人们在治理能力上应用敏捷能力，重点关注组织绩效和竞争力（Luna 等，2014）。敏捷治理起源于软件开发的敏捷方法，但现在已经被广泛应用到其他领域，如项目管理、产品管理、服务管理、政府治理等方面。敏捷治理不仅可以提高组织的效率和效果，还可以提高人员的满意度和参与度，增强组织的创新能力和竞争力。敏捷治理理论旨在检查和阐明如何培养内在动态能力以检测和响应组织、监管或需求变化相关的事宜（Luna 等，2020）。敏捷监管（Agile Regulation）是敏捷治理的一部分，敏捷监管的目标是弥合较慢的监管发展和较快的创新之间日益扩大的差距，同时保护我们监管体系的透明度、问责制、严谨性和相关

① “What is Agile?”，https://www.agilealliance.org/agile101/.

性。[①]

适应性和灵活性是敏捷监管的核心特征，敏捷监管需要适应不断变化的环境，灵活调整策略和操作。敏捷监管不是一成不变的，而是随着环境和需求的变化而变化。敏捷监管具有以下特征：（1）快速决策和响应。敏捷监管强调快速做出决策，快速响应变化。这需要建立高效的决策机制，提高决策的速度和质量。（2）以人为本。敏捷监管强调以人为本，关注参与者的需求。通过赋权和协作，提高参与者的满意度和效率。（3）持续改进和学习。敏捷监管鼓励持续改进和学习。通过反馈和评估，不断优化管理和操作，提高组织的效率和竞争力。（4）迭代和增量。敏捷监管采用迭代和增量的方式进行。每个迭代都会产生可用的结果，每个增量都会增加价值。

随着敏捷概念的不断发展，从根本上改变了软件设计、项目管理和业务运营的核心方面，敏捷方法还可以重塑政府、公共管理和总体治理（Mergel，2021）。敏捷政府的理念也被相继提出，敏捷政府强调以适应性、灵活、迭代和响应的方式应对不确定性和流动性情况，以避免代价高昂的失败（Mergel，2016）。敏捷方法虽然起源于软件工程领域，但敏捷政府实践将重点扩展到更广泛的领域，旨在改变组织文化和协作方法，以实现更高水平的适应性（Mergel，2018）。德勤公司在2021年的研究报告中指出，敏捷政府包含敏捷决策、敏捷监管、敏捷采购、敏捷开发、敏捷的人员队伍等方面，认为采用敏捷的理念能够增强公共部门的灵活性和适应性，从而使曾经冗长且僵化的监管流程变得更加灵活和适应性强。敏捷政府可使用沙箱、政策实验室和其他创新技术，在各种领域（无论是采购、治理还是劳动力等）

---

① “Regulation Must Become Agile to Remain Relevant”, https://www.theregreview.org/2023/08/02/king-regulation-must-become-agile-to-remain-relevant/.

测试各种方法和工具；构建更广阔的生态系统，公共部门应建立更广泛的联盟和伙伴关系，将这些创新带给政府；在流程中建立灵活性，指南、行为准则和标准等软法律可以帮助监管机构更灵活地应对颠覆性变化；培育敏捷文化，培养人们的敏捷思维，并建立更快的反馈循环。①

数据的治理与监管者最关心的是在可持续循环中更快、更好、更方便地为企业、组织或社会创造价值。将敏捷理念应用于数字世界，可以显著提高政府组织的响应能力和结果。②在组织环境中，监管往往需要组织中所有单位的协同参与和动态响应，自上而下的数据监管模式已很难适应大数据和人工智能等新兴技术的高速发展。为了使数据监管在快速变化、监管日益严格和竞争日益激烈的组织环境中有效且可持续，数据监管的所有要素都应实现并支持组织管理其数据和数据资产的敏捷性，组织或企业的数据治理和数据管理功能存在敏捷性需求，数据流通的治理和监管也应该具备敏捷性（Lillie 和 Eybers，2019）。将敏捷理论应用到数据流通领域，研究数据流通的敏捷治理与监管将是未来的趋势。

二、数据流通开展敏捷监管的必要性

在数据流通中开展敏捷监管，其数据的治理方式必须是敏捷的。数据治理是对数据管理的权力行使和控制（Abraham 等，2019），敏

① “Agile GovernmentBuilding Greater Flexibility and Adaptability in the Public Sector”, https://www2.deloitte.com/us/en/insights/industry/public-sector/government-trends/2021/agile-at-scale-in-government.html.

② “Building an Agile Federal Government”, https://napawash.org/academy-studies/increasing-the-agility-of-the-federal-government.

捷数据治理就是将敏捷性加入到数据治理中。现代的数据驱动型组织采用更全面的数据治理方法，每个人都参与实践，并随着时间的推移专注于学习和改进数据，称为敏捷数据治理。敏捷数据治理是在数据生产者和消费者共同努力时通过迭代捕获知识来创建和改进数据资产的过程，以便每个人都能受益。① 敏捷的数据治理具有自下而上、非侵入式、自动化、协作式、迭代式等特征。②

由于数据流通与交易的制度、技术和模式等均处在动态发展中，对其监管和治理非常适用具有弹性、灵活性、协调性的敏捷治理方式。敏捷治理理论是政府监管和治理理论的新发展，它能够帮助政府改变传统的政策制定过程落后于技术创新的现象，有能力在未知的环境中处理纷繁复杂的公共问题，灵敏感知公民需求并作出有效回应，使公共部门能够迅速应对当下公共治理带来的新挑战（吴磊等，2022）。敏捷治理是数字时代政府治理与监管的新议题（王仁和等，2020），如何运用敏捷治理的理论和方法，提出数据流通的敏捷监管方案，是推动数据流通高质量发展的必然要求。

以大数据、人工智能等数字技术为代表的第四次工业革命发展速度快、影响范围广、复杂性高，这使得监管面临新的挑战：监管可能难以跟上创新的步伐，难以跟上新想法、产品和商业模式等出现的速度（节奏问题）；监管机构难以应对超出其部门或地域管辖范围的创新，需要与他人协调（协调问题）；在动态和复杂的环境中，监管

---

① “What is Agile Data Governance and Why do You Need it?”，https://data.world/resources/what-is-data-governance/.

② “Agile Data Governance: How to Drive Data-driven Decisions”，https://atlan.com/agile-data-governance/.

机构可能很难将管理风险的责任分配给不同的参与者（责任问题）。[①] 为了充分释放第四次工业革命的潜力，需要采取更加灵活和敏捷的监管方法。当快速发展的技术产生的新应用开始影响社会时，监管系统将无法采取适当定制的监管措施（Wallach 和 Marchant，2019）。由于这些原因，人们越来越认识到传统的政府监管与治理对大数据和人工智能等新兴技术存在滞后性。尽管政府监管机构和政策制定者仍然发挥着关键作用，但监管方式必须扩大到包括更加灵活、全面，具有反思性和包容性的敏捷监管方式上。

敏捷有潜力改善公共部门大型复杂项目的管理，特别是那些以 IT 为重点的项目（Lappi 等，2018）。有研究发现组织敏捷性是政府组织数字化转型绩效的重要决定因素（Zhang 等，2023）。大型政府项目通常涉及一系列合作伙伴，组织间协调挑战可能会进一步加剧公共部门 IT 项目的失败率，由于传统治理注重稳定性、可重复性和问责制，因此很难适应数字时代带来的组织创新的新挑战（Baxter 等，2023）。数据交易与流通涉及一系列部门间合作，组织间的协同非常重要，采用敏捷监管的方法尤为契合。在数据流通中开展敏捷监管非常必要，它可以帮助我们有效应对数字化时代的挑战，提升数据价值，保护数据安全，确保数据合规性，改善流通环节效率。

综上所述，在数据流通中开展敏捷监管的必要性可以总结为以下几个方面。

（1）应对快速变化的数据环境。数据被誉为“新时代的石油”，它有着巨大的价值和潜力。数据的高效流通和利用可以推动数字经济

① “Agile Regulation for the Fourth Industrial Revolution: A Toolkit for Regulators”, https://www.weforum.org/about/agile-regulation-for-the-fourth-industrial-revolution-a-toolkit-for-regulators/.

增长，对于现代社会、企业、个人及政府机关等都具有深远的意义。然而，如何保护数据安全、确保数据隐私、推动数据公平交易，需要敏捷的数据流通治理。在数字化时代，数据的生成、收集、分析和使用的速度和规模都在快速增长。同时，数据的类型、来源和用途也在不断变化，数据的交易和流通模式也处于不断迭代变化中，这需要我们的数据治理体系能够快速适应这些变化，以充分利用数据的价值。

（2）保证数据的质量和安全。数据流通的过程中可能出现各种问题，如数据错误、数据丢失、数据泄露等。敏捷监管能够通过实时监控和快速响应，及时发现和解决这些问题，保证数据的质量和安全。

（3）促进数据的共享和使用。敏捷监管能够建立灵活的数据流通机制，使得不同的用户和系统能够方便地获取和使用数据。这可以提高数据的使用效率，促进组织的协作和创新。

（4）确保数据流通的合规性。数据流通涉及的风险多种多样，包括数据泄露、数据滥用、数据歧视等。敏捷监管能够快速识别和应对这些风险，防止它们对社会和个人造成伤害。数据的收集、存储、处理和使用都需要遵守各种法规和标准，如数据隐私法、数据保护法等。敏捷数据监管能够通过动态的规则管理和自动化的合规检查，确保数据流通的合规性。

（5）提升运营效率和监管效率。数据流通涉及众多部门和行业，需要有效的协调机制。敏捷监管能够更好地协调各方的利益，推动跨部门、跨行业的协同。敏捷监管可以使得组织更好地理解和利用数据，提供实时、准确的数据支持，从而提高业务决策的速度和质量，提升运营效率。敏捷监管能够更快速地响应市场和技术环境的变化，及时地调整监管策略和措施，以适应新的数据流通场景和挑战。敏捷监管能够为数据流通带来更加灵活、高效和精确的方法，有助于监管机构更好地应对当前数据驱动时代的挑战。

综上，开展数据流通的敏捷监管非常必要，敏捷监管可以帮助我们有效应对数字化时代的挑战，应对快速变化的数据环境，提升数据价值，保护数据安全，确保数据合规性，提升运营效率和监管效率。在数据流通中开展敏捷监管不仅需要监管模式能够迅速响应变化，还注重实时的反馈和持续的迭代。同时还需制定灵活的监管策略，根据不同的数据来源、类型和交易目的，制定差异化的监管策略，避免“一刀切”式的监管。鼓励利用新技术如大数据、人工智能、区块链、监管沙箱等进行监管，提高数据分析和处理的效率，加快监管反应速度。鼓励跨部门协同，鼓励不同部门之间的紧密合作与信息共享，共同面对数据流通中的挑战。

第二节　数据流通的监管维度

一、市场风险维度

数据流通的敏捷监管需要考虑多个因素，如权益关系、风险等级、行业类别、数据类型、脱敏标准和定价机制等。通过理解和管理这些因素，设计制定数据的分级分类监管机制，可以有效地处理市场风险，保护数据的安全和隐私，促进数据的流通和利用。在数据流通的敏捷监管过程中，市场风险维度是一个核心关切。这是因为在迅速变化的市场环境中，数据流通所带来的风险也在不断演变。

第一，理解数据权益关系的重要性。理解和明确数据权益关系是数据合法、合规和高效流通和交易的基础。只有充分理解公共、企业、个人数据之间的权益关系才能够清晰地制定治理监管措施。第二，风险等级的设计是对市场风险进行管理的一种方法。不同的数据类型和用途可能存在不同的风险等级，设计数据的分级分类监管机制时，需要考虑这些风险等级。第三，行业类别也是设计监管机制时需要考虑的因素。不同的行业可能存在不同的数据要求和风险。根据行业的特性和需求，需要制定适合的数据监管策略和措施。第四，数据类型和脱敏标准也是重要的考虑因素。不同的数据类型可能需要不同的处理和保护方式。第五，定价机制的设计是数据流通监管的一个重要环节。数据的价值取决于其质量、稀缺性、需求等因素，需要建立一个公平、透明的定价机制，并实施敏捷价格监管，才能有效避免恶性竞争和刷单等不良市场行为，有效促进数据的流通和利用。

数据流通敏捷监管的市场风险包括多个方面。第一，数据安全和隐私风险，数据在流通过程中可能遭受到攻击，包括数据泄露、篡改和删除等；数据流通需要判断是否存在非法进行数据收集，未经用户同意和不知情的情况下收集数据并进行交易，以及是否涉及隐私保护等。第二，数据质量风险，如果数据的质量不高，存在数据偏差、不准确、不完整或过时等数据质量风险，在迅速变化的市场环境中，还有可能出现伪造数据或降低数据质量以迅速满足市场需求的行为。第三，技术风险，数据流通需要依赖诸如数据加密、数据传输和数据存储等各项技术，这些技术的漏洞、更新、兼容性等问题都是数据流通的风险点，如果这些技术出现问题，可能会影响数据的流通，导致交易的中断和损失。第四，数据合规风险，数据流通需要遵守各种数据保护和隐私法规，当前的数据流通法律框架尚不明确和完善，流通的数据是否违反某些规定或标准（如版权、专利或其他知识产权等），都容易导致合规性争议；此外数据流通标的、流通行为、流通合同协议、流通平台、流通机构等均存在合规性风险。

二、市场运行维度

市场运行维度是数据流通敏捷监管的重要方面，包含多个环节和时序，需要按照事前、事中及事后的顺序，分析设计各阶段的监管重点、监管对象与监管内容。

事前监管主要关注数据的权属确认、授权和许可阶段，涵盖数据的确权登记、合规审计、权属抽查和留痕可溯等环节。首先，在数据流通前的权属确认显得尤为重要。为确保各方在数据流通中的权益得到保护，需明确包括所有权、访问权、利用权、转移权以及销毁权在内的各种权利。此过程的监管涵盖了权属验证、数据价值的评定以及权益分配协议。此外，确权登记不仅要求对数据所有者身份的验证，还涉及数据价值的确定，为之后的交易、应用和权益分配打下基础。其次，为确保数据的合法性，合规审计成为必要步骤。合规审计会检查数据的收集、处理和应用，以确认其是否符合《数据安全法》《个人信息保护法》《著作权法》《商业秘密保护规定》等法规。更进一步，合规审计也对数据质量的各个方面，如准确性、完整性、一致性、及时性和可靠性给予关注。最后，权属抽查和留痕可追溯性是事前监管的关键部分。权属抽查是随机对数据持有者进行审查，确保其使用数据的方式是合法的。而留痕的追溯性保证了数据处理和使用的每一个步骤都有记录，方便后续的复查和验证。

事中监管在数据的流通和交易环节起到核心作用。主要监管内容涵盖了市场交易的主体、标的、合同和流程等。首先，对于交易主体，重要的是验证交易双方身份以预防非法交易，需要核实交易参与者的身份、查看他们的信用记录并审查其交易资质。其次，交易标的的监管则需要明确数据的多个属性，如类型、质量、价值和权益等，这需要数据经过分类、估值和深入的审查。进一步，对交易合同的监管则确保其具备合法性、公平性和可执行性。这涉及对合同内容的审查、验证执行条件以及对合同履行的持续监督。最后，确保交易流程的公正性、透明性和有序性也至关重要。这需要对交易的各个环节，如公告、报价、竞价、成交和结算进行细致的监管。

事后监管重点放在数据的收益分配及其整体追踪。主要措施是建立数据收益分配制度、深度追踪监管交易主体、中介与标的，并利用互联网法院和人工智能技术增强争议处理的效率。在构建数据收益分配制度时，关键是确保数据价值公正分配，这涉及的主要任务包括制定具体的分配比例、梳理分配策略，并部署对应的实施方案。此外，事后监管也需要对交易主体、中介和交易标的进行持续追踪监管。这意味着必须完整记录交易信息，不断监控交易活动，并确保对交易成果的完整追踪。最后，为了高效处理潜在的争议，事后监管还需结合互联网法院、人工智能、监管沙箱等技术，通过其数字化、网络化和智能化的特性，加速争议的解决过程，降低处理争议的成本和复杂度。

总的来说，数据流通敏捷监管的市场运行维度涉及事前、事中及事后的多个环节和时序。通过对各阶段的监管重点、监管对象与监管内容进行分析设计，可以有效地管理数据流通的风险，保护数据的权益，促进数据的流通和利用，实现数据的价值。

三、市场主体维度

数据流通敏捷监管的市场主体维度，主要关注数据流通的各个参与方，包括数据的提供者、处理者、使用者等，同时构建政府监管、行业自律、公众参与的协同监管机制，以促进政府、行业、公众之间的紧密合作，共同参与监管政策制定和执行。在深入探讨政府监管、行业自律、公众参与的协同监管机制之前，我们首先需要理解它们各自的作用和相互间的关系。每个角色都有其独特的功能，并且在监管体系中互相影响互相制衡，需要推动各方共同参与数据流通的敏捷监管，形成监管合力。

政府监管是数据流通敏捷监管的重要支柱，政府部门的角色主要是制定、设计和实施数据监管政策。在数据流通领域，政府监管应涵盖全面的数据流通生命周期，包括数据的创建、收集、存储、使用、共享、销毁等环节。各个环节都需要相关的法律法规进行规范，并由政府机构进行监督。但鉴于数据流通的多样性和复杂性，仅靠单个政府部门很难达到全面而有效的监管。为此，各部门在数据流通监管上的沟通与协作尤为关键，不断迭代监管机制并优化监管效率，避免出现治理盲点和监管真空，比如可以成立跨部门的联合监管小组，共享监管资料，统一监管策略等措施，确保部门间信息畅通。此外，需要建立一个高效的信息交流共享系统，帮助各部门快速获取、分析数据，为决策提供支撑。与此同时，政策的制定也是政府监管的核心内容，政府部门应根据当前的数据环境和实际需求，出台合理的数据流通监管方针，如数据的保障、隐私维权、流通规则等，并在制定政策时，广纳公众和行业的建议，确保政策的公正性和合理性。最后，政府还需要持续关注新的技术发展和应用，如大数据、云计算、人工智能、区块链、监管沙箱等，以保持政策的现代性和适用性。

行业自律是数据流通敏捷监管的另一个重要组成部分，这种自我管理方式建立在行业共识之上。为了在数据流通环境中实现行业自律，可以考虑制定相关的行业准则，成立具有权威的行业机构，以及在行业内进行有效的监督和自我约束，不仅能促进行业的稳健发展，还能降低政府的监管负担。同时，行业自律机制还需要建立有效的纠错和处罚机制，对违反规则的行为进行惩罚。此外，行业标准和规范的制定，需要具备专业知识和经验的专家参与。他们可以根据行业的特性和需求，制定合理的数据流通标准和规范，为行业内的数据流通提供指导。数据流通的主要参与者、政府、企业和利益相关者可以共同制定和推荐行业标准，确保数据流通的安全性和有效性。还可以通过成立行业协会或组织来推动数据流通行业内的自律，这些机构还可以提供指导、培训、资源和工具，帮助数据流通参与者更好地遵守行业标准。鼓励数据流通参与者定期进行自我监督和评估，确保其业务操作与行业标准和规范相符。建立行业纠错和处罚机制，对于不符合数据流通行业标准或违反规则的参与者，应有一个清晰的纠错和处罚程序，促使参与者遵循行业规范。需要定期动态更新行业标准和规范，以适应变化的环境和技术的发展。鼓励参与者引入第三方机构进行独立审查，验证其是否符合行业标准和规范，并加强与政府合作确保行业自律的有效性。通过行业自律，数据流通参与者可以在遵守法律法规的同时，根据自身特点和需求，进行更为灵活和有效的管理。

公众参与可以在数据要素敏捷监管中起到不可忽视的关键作用。

作为数据流通的核心参与者，公众的需求、疑虑和对数据的期望都深刻地影响监管政策的塑造与执行。为了促进公众更深入地参与，必须提供方便公众提供反馈的渠道，如咨询、建议和投诉等。此外，确保信息的透明度和有效传播也十分关键，因此需要构建一个有效的信息分享和沟通体系，让公众能够深入了解并积极参与数据流通相关事务。公众是数据的主要生成者，他们对自身数据的产生、流动、使用和保护有着直接的利益关系。公众参与数据流通的监管可以更好地保护自身的数据权益，避免数据被滥用或者数据泄露等风险。公众参与可以让数据流通监管过程更加透明，提升治理透明度。公众参与数据流通监管也是数据文化教育的重要环节。通过参与，公众可以更好地理解数据的重要性，提升数据素养，形成对数据的尊重和负责任的态度。在实际操作中，应积极建立各种公众参与机制，如公众咨询、公众反馈、公众监督等，以确保公众能够充分地参与到数据流通的监管中来。

总的来说，构建政府监管、行业自律、公众参与的协同监管机制，是实现数据流通敏捷监管的重要路径。通过促进政府、行业、公众之间的紧密合作，可以营造全面、高效、灵活的协同监管环境，从而更好地实现数据流通的管理和监管。在实现数据流通敏捷监管的过程中，政府监管、行业自律、公众参与应相互协调、相互支持，形成协同效应。政府应积极引导和支持行业自律和公众参与，行业应积极响应政府的政策指导，公众应积极参与数据流通监管，提出自己的需求和意见。只有通过这种协同工作，才能实现数据流通的有效监管，最大限度地发挥数据的价值，同时保护数据相关者的权益。

第三节　数据流通敏捷监管框架

基于产权制度、敏捷监管和协同监管理论，从市场风险、运行和主体三个维度进行研究，探索构建全维度、全流程、统一协同的数据流通敏捷监管体系，为数据要素监管提供政策建议和指引。将有助于完善国家数据流通监管体系，提升数据流通监管能力和公共服务水平；优化数字经济创新发展环境，推动数据要素的有效利用和流通；有助于保障数据安全和隐私，促进数据要素市场高质量发展。

考虑到数据流通涉及的广泛主体和环节，我们将风险进一步细分为流通标的、数据安全、流通行为、流通平台和流通机构等。数据流通标的物即是数据本身，流通标的最大的风险可能来自数据的合法性、完整性和准确性。监管部门应实施严格的数据来源审查制度，所有流通的数据必须有合法、公开的来源。对于完整性和准确性，需要建立健全的数据质量管理制度，保证数据的准确性和完整性。这也包括了对数据分级分类的监管，数据的敏感性、私密性等因素应纳入分类依据，根据数据类型采取不同等级的保护措施。

数据安全方面，在数据流通的每个环节，数据安全都是至关重要的。这不仅涉及数据传输的安全性，还包括数据存储和处理时的安全防护。为确保数据的安全性，应在所有数据相关的流程中使用尖端的安全措施，如加密和访问控制技术，从而阻止数据被不当获取或被滥用。同时，有必要设立一个紧急响应策略，这样在遇到如数据泄露等安全威胁时，可以迅速定位问题并采取应对措施。

数据流通中的行为合规性至关重要，它涉及数据提供者、数据处理者和数据接收者等各种角色。数据提供者应确保其数据合法且可靠；而数据处理者则必须按照既定规则处理数据，并避免任何可能损害数据质量的操作；至于数据接收者，它们需要按照数据使用协议行事，确保数据不被滥用或用于不正当的目的。

数据流通平台作为数据流通的重要环节，必须遵守各项法规，确保平台的合规性。所有参与数据流通的平台应确保其数据来源合法且质量可靠。为了保障数据安全，平台应采取各种措施，如访问控制和加密技术，以预防数据被泄露。而从机构的角度看，不论是作为数据的提供者、处理者还是接收者，它们都有责任确保自己的行为符合相关的法律和政策规定。

对数据流通标的、数据安全、流通行为、流通平台和流通机构进行敏捷监管，将其融合到市场风险维度、市场运行维度和市场主体维度。结合上述分析构建数据流通敏捷监管框架如图 7-1 所示。

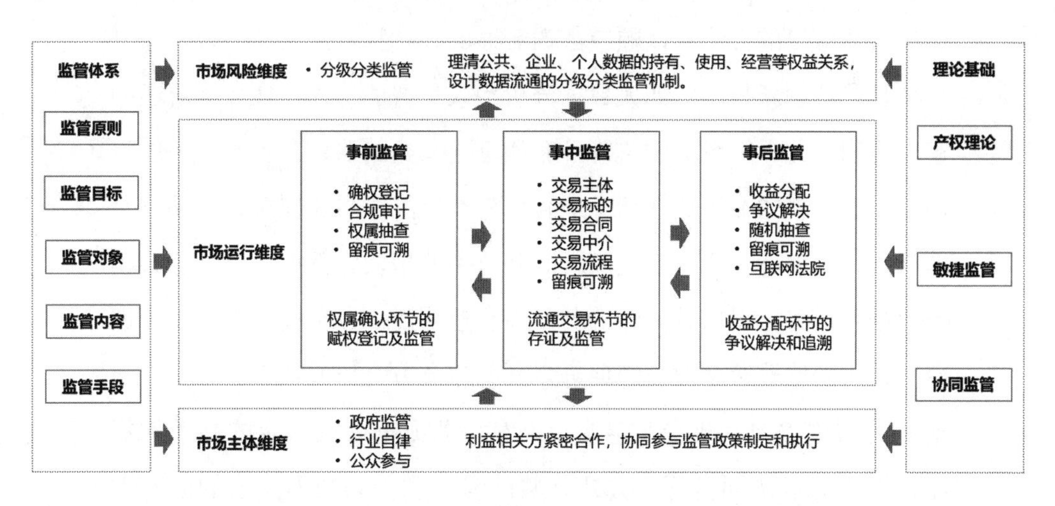

图 7-1　数据流通敏捷监管框架

数据流通敏捷监管框架分别从市场风险、市场运行、市场主体三个维度进行治理，根据不同的分级分类、不同的市场运行环节、不同的市场主体制定不同的监管机制，探索构建包含监管原则、监管目标、监管对象、监管内容和监管手段在内的数据流通监管体系，推动数据流通动态、高效、灵活的敏捷监管。此外还要将敏捷能力作为数据监管体系建设的重要依据和评价标准，包括但不限于灵活性、可重复性、可扩展性、响应速度等。

数据流通敏捷监管框架以产权理论、敏捷监管、协同监管为理论基础。产权理论是理解数据流通的基础。在数据流通过程中，产权的明确性、保护性、可转让性等决定了数据流通的效率和公平性。从产权理论的角度看，需要制定一套明确并保护数据产权的法律和政策框架，以确保数据产权的稳定性和预见性。在治理与监管研究领域，敏捷治理和敏捷监管被视为一种关键策略，旨在增强治理与监管的效率与应变能力。随着数据属性的复杂性及技术进步的持续，传统的监管模式可能在面对数据流通挑战时显得力不从心。现代监管结构强调更加灵活和敏捷的方法，以顺应数据流通的独特特点。具体而言，这可能涉及采纳创新技术，如大数据分析和人工智能，以实现数据流通的实时监测。此外，灵活的监管策略如基于风险的治理和基于行为的治理被提倡，目的在于更加精准地管理潜在风险。与此同时，为促进治理与监管的公信力，需要更加开放和透明的手段，例如，公开监管相关数据和信息，以提升监管的公开性和透明度。在现代治理与监管理论中，协同监管策略被视为促进多利益相关方合作的核心机制。在数据流通的过程中，政府、企业、公众等各方都有其特定的利益和责任，需要通过协同监管的方式，共同参与和推动数据流通的健康发展。可以通过构建高效的沟通与协调机制，例如，定期召开咨询会议和公开论坛等，强化各方之间的互动与合作。引入公众参与的治理与监管流程，以确保各方利益得到公正的考量，形成均衡的决策机制。建立有效的纠纷调解机制，公正且迅速地解决数据流通过程中可能产生的争议。

设立一套明确监管体系是整个数据流通敏捷监管框架的基石。监管原则不仅明确了治理监管的方向，也给出了对行为的基本评判标准。其中，“透明可溯、分类分级、权责明确、技术中性”是这一治理原则的核心。透明可溯保证了数据流通过程的公开性和可查询性，这既维护了公众的权益，又提高了市场的可预测性。而分类分级的理念是根据数据的灵敏度和价值，采纳不同的治理和监管手段，以最大化监管资源的利用。权责明确的理念强调在数据流通中明确各方的职责和权利，使其行为与法律保持一致。技术中性则强调，监管策略应避免对某些特定技术的偏见，应公正地评估各种技术的实际成效与影响。

明晰的监管目标是提升监管效率的关键性因素。这些目标既为监管方针设定清晰的导向，同时也是评价治理成果的准则。监管目标可归纳为“保护隐私、增强信任，鼓励流通、控制风险”。其中，隐私的维护与信任的构建是数据流通的先决条件。若缺乏充分的隐私保障和信任基础，数据的流动性将受到严重阻碍。与此同时，鼓励数据的流通和有效风险控制构成了数据流通的核心竞争力，监管机构需在这两者之间寻求一个科学的平衡，以充分发挥数据流通的潜力。

明确的监管对象与内容是确保监管效能的基础要素。监管对象代表了治理活动所关注的核心，它涵盖了数据流通链条中的各个参与者，如数据提供者、使用者及中介等。而监管内容则揭示了监管的具体职责，涉及数据的产权、使用、流通、保护等关键环节。进一步说，选择适当的监管策略对于实现预定的监管目标至关重要。有效的监管手段不仅要具有实际效果，同时还需确保其合法性和公正性。常用的策略包括制定和执行相关法规、进行行政指导与监督以及技术的研发与应用。在确定最佳策略时，必须综合考虑监管对象、内容和目标，同时还要结合现有的监管环境和资源状况。在此基础之上，我们可以根据不同的分级分类、不同的市场运行环节、不同的市场主体制定不同的监管机制，探索构建包含监管原则、目标、对象、内容和手段在内的数据流通监管体系，推动数据动态、高效、灵活的敏捷监管。

在数据流通的敏捷监管中，一个高效的效果评估和持续改进机制不仅可以加强监管的实施质量，还可以加深公众对监管策略的信任度和接受度。为了确保治理达到预期效果，还需要设计制定包含评估标准、数据采集、结果分析、信息反馈、动态改进等于一体的系统性评估机制，并持续优化改进。公众的参与和社会的监督，则为敏捷监管策略的执行带来了透明度和灵活性，确保其始终与社会发展和公众需求保持同步。

数据流通的敏捷监管是对数据在产生、流动、处理、存储和使用过程中进行的动态、实时和灵活的管理和控制。其目标在于实现数据的高效流动、安全保护和合规使用，以更好地支持业务和决策。数据流通的敏捷监管体系需要具备动态适应性，需要能够快速适应业务需求、技术环境和法规环境的变化，以提供及时和准确的数据支持。数据流通敏捷监管还需要实时监控和快速响应，通过实时监控数据流通的全过程，发现和解决问题，从而保证数据的质量和安全。数据流通敏捷监管过程中还需重视灵活和自动化，通过灵活的数据架构和自动化的数据操作，提高数据流通的效率和准确性。

综上所述，数据流通敏捷监管是一项复杂而重要的任务，其关键在于构建一套科学、公正、合法和高效的监管框架和机制，需要以人为本、以数据为中心、以价值为导向的数据管理和控制，通过动态、高效、灵活的方式，实现数据安全、合法、有序地流通，从而最大化数据的价值和效益。

第八章　数据要素流通实践

本章以南威软件的数据流通成果作为案例，结合本书提出的数据要素可信流通 TIME 模型，从数据要素流通现状及困扰、流通平台框架等方面阐述数据可信流通机制的实践经验。

第一节　数据要素流通现状及困扰

一、数据要素流通现状

近几年，全国各地积极探索数据要素经济发展模式，北京、上海、福建、广州纷纷建立数据交易中心。虽然全国各地已搭建了众多数据交易平台，但目前我国仍然处于数据要素发展的初步阶段，存在数据要素供给严重不足、数据要素经济生态不够健全、数据要素交易规模非常有限等问题，阻碍数据要素的高效流通与数据要素价值的释放。

数据要素供给不足，缺少标准化和规范化产品。从市场规模来看，2021 年数据供给环节（采集、存储、加工）的市场规模达到 385 亿元。我国仅有 18.2% 的企事业单位能够利用数据并充分发挥其价值，超过 80% 的企事业单位只有少部分数据得到开发，甚至有些企业的数据尚未得到开发利用，数据技术能力和数据平台建设相对滞后导致数据资源的开发力度不足，数据应用领域相对狭窄，数据产品和服务供给不足，数据价值潜力无法得到充分释放。

数据要素产业生态不健全，产业配套支撑不成熟。《全国数商产业发展报告（2022）》显示，国内数据咨询服务商、数据资源集成商、数据分析技术服务商的占比分别为 34.7%、21.4%、14.3%，累计超过总数的 70%，而数据交付服务商、数据治理服务商数量过少，累计不到 100 家。数商主要积聚在数据要素前端，而直接参与数据交易流通的企业数量严重不足，数商分布不均衡，数据供给成本高、盈利差，导致"挂牌热交易冷"现象，数据交易案例较少，进而影响企业参与商业模式创新的积极性。同时，数据要素广泛存在"数据孤岛"现象，有数据的人不知道怎么用，想用数据的人没有数据来源，数据难以变现，缺乏专业的数据经纪商连接供需双方，撮合数据交易。

二、数据要素流通面临的困扰

造成以上问题的主要原因在于，当前市面上传统的大数据平台只关注数据治理及自身的数据应用赋能，缺少对数据要素产权、数据产品化加工、数据安全流通等能力保障，使传统的数据平台无法应用于数据要素生产加工并对接数据要素市场，导致了数据要素供给的"三不"困境——不敢供给、不会加工、不愿流通。

第一，数据权属不明确，导致不敢供给。数据具有可复制性、多方主体权利混合的特性，数据权属不清导致市场参与者的权益得不到保障。数据交易的参与者不清楚权利界限，大量拥有数据资源的企业不敢、不愿意参与数据交易，阻碍了我国数据要素产业的发展。虽然

“数据二十条”创造性地提出建立数据资源持有权、数据加工使用权和数据产品经营权“三权分置”的数据产权制度框架，但是数据要素权属确认的落地实施，需要技术层面、政策层面、法律层面的全方位支撑。

第二，缺乏数据要素加工机制和工具，导致不会加工。数据要素的加工主要包括数据清洗、数据标注、数据挖掘、产品开发等多个模块，涉及数据建模分析、数据标签、区块链、隐私计算、人工智能、数据安全多项技术的综合应用。对于大部分政府和企业部门来说，传统数据产品加工模式依赖大量人工操作，存在技术难度大、加工成本高、开发效率低等问题。由于市面上缺乏智能、高效的数据加工工具，数据持有方虽然意识到数据价值，但是难以将多类数据快速加工成标准化的数据产品，无法实现数据驱动业务发展和创新。

第三，个人隐私问题和数据安全风险大，导致不愿流通。数据安全是数据要素市场发展的重要保障，数据要素流通安全风险会威胁到数据要素市场化运作流通和数据要素的价值实现。同时，信息技术和算力、算法的快速发展加剧了数据保护的压力，强大的数据技术产业带来数据流通的灵活性和透明度的同时，也对数据要素的保密性、可控性和完整性提出了挑战，使隐私泄露发生的可能性骤增。如何在数据的采集、存储、运输、加工和利用过程中全方位保障数据安全也是一大难题，数据流通的过程复杂，经过的主体众多，即便是脱敏后的数据在经过整合加工和二次利用后也有可能会泄露个人隐私和商业秘密。

面对数据要素市场存在的以上“不敢、不会、不愿”三大难题，市场急需“平台型”和“工具型”数据要素可信流通的平台级解决方案。以下将结合南威软件的数据要素项目案例，阐述数据要素平台可信流通机制的实践经验。

第二节　数据要素流通案例

本节基于南威软件数据要素项目案例展开分析。南威软件自2002年成立以来，深度聚焦数字政府的政务服务、公共安全、城市管理等主营业务，深化发展社会服务运营，服务于政府数字化转型和政府治理现代化建设。基于在大数据、隐私计算、数据安全流通、数据治理领域的多年积累，南威软件研发了成熟的数据要素操作平台，全面升级数字政府数字底座，创新政府数据要素全流通、大计算、大应用、大安全的数据要素可信流通体系，打造全新的数据要素流通运营生态，助力公共数据与社会数据价值释放。

一、数据要素操作平台助推数据要素可信流通

（一）形成数据要素两级市场之间的核心枢纽

南威数据要素平台基于大数据、区块链、隐私计算、人工智能等技术，打通数据要素登记、生产、流通的全流程链路，为数据授权开发利用、数据要素流通运营提供数据共享、业务协同、流通交易、运营管理、安全管理等服务，助力破解数据壁垒，促进原始数据“可用不可见”，数据流通及交易“可信可追溯”，推动数据要素化和价值化。平台从数据要素生产、分配、流通、消费各环节切入，实现数据确权授权、数据流通交易、安全隐私保护方面的核心需求，突破了数据要

素流通中“缺生态、缺数据、缺场景、缺平台”的瓶颈，有效解决数据要素市场存在的不敢供给、不会加工、不愿流通三大难题，实现数据要素上市交易，促进数据要素价值合规有序释放。

（二）数据要素操作平台框架

南威软件以六大系统构建数据要素操作平台，包括数据要素交易门户、数据运营管理系统、数据流通监管系统，数据场景开发系统、数据要素登记系统、隐私计算能力平台（见图 8-1）。在底层技术架构上，内置的数据沙箱、安全网关、可信执行环境等安全能力，降低数据在流通中的安全合规风险，实现“域外流转可控，密文上可计算，数据可确权，隐私可审计，计算可计量”。

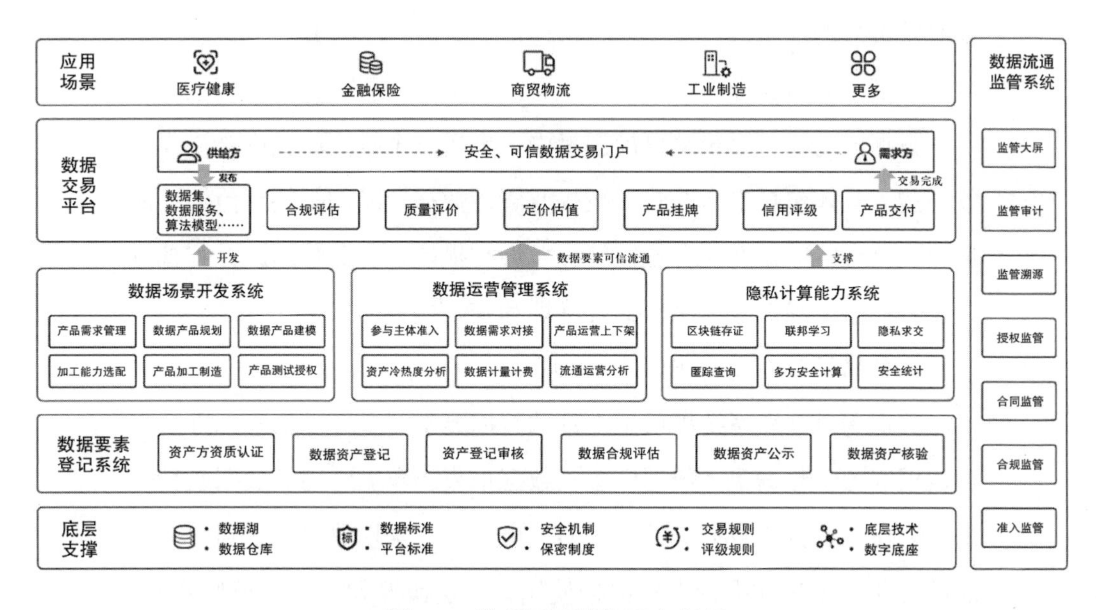

图 8-1 数据要素操作平台框架

1. 数据要素交易门户

数据要素交易门户为数据要素市场各参与方，包括数据要素使用者、数据要素提供商、数据服务商，进行数据需求的发布和响应，有效解决需求方面临的数据量有限、研发能力不足、数据技术缺乏等问题。供给方可通过提供符合要求的数据要素使用权、数据专家、技术支撑、数据服务、研究成果等多种方式获利，盈利模式分为一次性收益或通过数据、算法、模型的使用权复用获利。

2. 数据运营管理系统

数据运营管理系统提供参与主体准入、数据经纪人管理、数据需求对接、流通合同、数据产品运营上下架、数据定价、数据计量管理，以及流通运营分析等功能，确保数据要素“供得出、流得动、用得好”。系统通过交易活跃度及所产生的价值估值，为企业、组织生成数字资产报表，为企业在申请银行贷款、征信、资质申请等方面提供有效可靠的证明。

3. 数据流通监管系统

数据流通监管系统从事前、事中、事后三个维度，提供全流程监管功能。具体包括准入监管、授权监管、数据产品加工签约监管、流通合同监管、数据产品合规监管、投诉举报监管、监管溯源、监管可视化等功能，确保数据流通的合法性和安全性。

4. 数据场景开发系统

数据场景开发系统提供了丰富的数据要素安全开发套件，方便实现数据服务、数据集、数据模型、数据报表、数据应用等数据产品的加工制作，并打通数据交易市场的上市渠道，实现数据要素到数据商品的转化。用户在平台发布数据使用、算法研发和训练、模型开发、数据挖掘分析、市场调研、专题研究等需求，通过交易获取数据使用权、邀请多方协同研发、数据相关服务等。

5. 数据要素登记系统

数据要素登记系统运用区块链技术，赋能数据确权和数据可信流通，提供不可篡改、身份可信、历史可溯的数据资产权属证明。平台将数据资产进行分布式存储，实现完整、准确、安全的数据资产存储。通过数据资产登记，使用唯一的数据资产凭证在数据交易平台上挂牌上市，为数据资产提供可追溯、不可篡改的流通环境。买方与卖方在数据交易平台中进行交易，交易记录也在联盟链中进行维护和管理。整个交易环节依托区块链技术结合交易环节产生的资产权属证明，确保数据资产的可溯源性。

6. 隐私计算能力平台

隐私计算能力平台在保证满足数据隐私安全的基础上，通过“隐私求交”“匿名查询”“安全统计”等方式，实现数据“价值”和“知识”的流动与共享，真正做到“原始数据不出域，数据可用不可见”，有效解决数据共享和保密之间的矛盾，充分调动数据资源拥有方、使用方、运营方和监管方的主体积极性，实现数据资源海量汇聚、交易和流通，从而盘活第三方机构数据资源价值，促进数据要素的市场化配置，让数据在安全流通中价值最大化。

（三）多重安全防护技术保障数据要素可信流通

南威数据要素操作平台旨在实现数据价值合规有序释放，推动数据流通共享，畅通数据资源大循环，并最大程度实现数据价值挖掘。从数据采集、传输、存储、处理、交换、销毁各个数据生命周期节点切入，对数据资产进行安全分级分类、识别风险点并进行全面定量、定性评估，结合业务场景特性，提供完整且灵活的数据防护方案。打造数据安全的可知、可视、可控、可溯，及时发现并消除数据安全隐患，确保数据持续处于有效保护、合法使用的状态，全方位掌控数据安全态势，实现数据“价值”和“知识”的流通共享，确保数据的隐私性和机密性。

1. 隐私求交

隐私求交是为多个持有各自隐私数据的参与方求得所有数据的交集，同时不泄露任何交集以外信息的技术。在金融与电信等领域，隐私求交可在数据不出域的情况下完成私密信息的核验及风险把控等，实现跨业、跨域的数据融合，拔掉“数据烟囱”，促进协同，深度挖掘与释放数据最大价值。

2. 匿名查询

匿名查询是一种不会泄露查询对象和查询结果的技术。查询方对查询对象进行加密并获得匹配的查询结果，并使数据持有方无法获知具体的查询对象。在政务跨部门信息查询、金融信息查验和保险等需要大量外部信息领域，匿名查询可满足最小够用、只用不存，打破数据孤岛，解决数据连接问题，让更多数据被应用，实现数据价值。

3. 安全统计

安全统计是在不泄露原始数据的情况下，对数据进行统计的技术。在政务大数据统计、医疗及保险等领域，通过数据共享和统计分析挖掘数据背后的现象原因，在保护隐私信息的基础上，联合多方散落的数据，促进隐私数据的合规分享、分析和运用，充分发挥数据价值。

（四）数据要素操作平台价值

1. 推动数据要素可信流通和价值交换

平台在数据确权基础上，实现数据流通和价值交换。打破点对点流通模式成本高、监管难的困局。数据要素操作平台保障多方共同参与，激发数据交易活力，推动交易各方合理分配收益，促进数据要素的价值复用。

2. 促进数据要素高效循环安全流转

平台推动数据跨区域、跨系统、跨部门融合，构建完整数据要素生态。在此生态中，企业内外数据融合，形成多元化数据集合。进一步促进更多企业主体间数据交互，为全社会数据要素循环利用提供有力支持。通过数据要素可信流通平台，充分挖掘和利用数据要素，为各行业的发展和创新提供强大的驱动力。

3. 提供可信数字技术和基础底座

数据要素操作平台提供高安全、可信赖、全溯源的底层技术架构，为数据要素安全、可信流通提供必要保障。同时采用脱敏加密数据调用机制，实现数据加密流通，切实保障数据要素提供方的合法权益。为数据要素的合规、高效流通提供有力支持，推动数字经济的发展。

二、城市智慧停车案例

（一）智慧停车市场

1. 停车市场发展势头强劲

智慧停车市场发展迅猛，智能化日益普及，根据中国停车网的统计，截至 2022 年 12 月，全国 229 个地级市的 760 个市辖区以及全国 557 县（市）已建和在建的道路智能化项目数量达到了 1100 个，智能化泊位合计 281 万个。近五年来，项目数量的增长率均在 50% 以上，泊位数量的增长率均在 30% 以上。各地采用市场化运作，对智慧停车进行持续运营，已经积累了大量的停车数据资源。

2. 营收来源单一制约发展

尽管智慧停车市场发展迅猛，但目前大多数智慧停车运营企业的主要收入来源仍然是停车服务费，收入来源渠道单一，缺少增值服务收入，盈利空间有限。这种单一的营收模式限制了智慧停车市场的进一步发展，需要探索新的商业模式和收入来源。

3. 数据要素市场发展滞后

尽管"数据二十条"和《企业数据资源相关会计处理暂行规定》等政策相继出台，但针对停车数据要素的运营刚刚起步，数据价值尚未得到有效释放。这表明当前数据要素市场的发展滞后于智慧停车市场的发展，需要加强政策引导和市场培育，推动数据要素市场的健康发展。

（二）挖掘高质量的停车数据，为多场景赋能

南威软件在全国落地智慧停车项目，积累了人、车、场等多维度的海量数据资源，为城市停车数据运营提供了坚实的数据基础。南威软件紧跟国家数据要素市场发展步伐，依托自主研发的数据要素平台实现数据要素可信流通，打造具有管理、服务、营销价值的多元化数据产品及服务。通过实现停车数据从资源化到资产化，再到商品化的全流程管理，形成数据集、应用程序编程接口、模型算法、数据报告等优质的停车数据产品及服务，并可通过数据交易所连接供需双方、推进在线交易，构建停车数据运营生态，为城市管理、产业服务、商业营销提供数据赋能，推动城市停车数据要素价值释放（见图 8-2）。

项目以充分挖掘"可得、可用、好用"的停车数据要素为目标，为城市管理、产业服务、商业营销赋能增效，南威软件打造集数据要

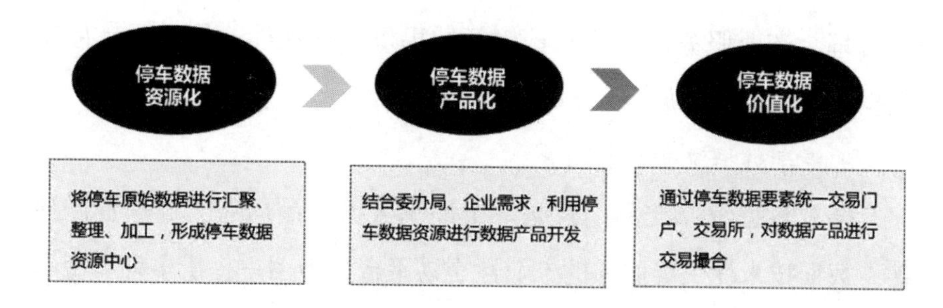

图 8-2　停车数据要素数据资源化、产品化、价值化

素操作系统和停车数据运营支撑系统为一体的停车数据要素运营平台，并通过停车数据要素统一交易门户实现停车数据从供给、流通到使用全流程运营闭环。

（三）停车数据运营一体化平台实现停车数据全流程运营闭环

停车数据要素运营体系是一个综合性的系统，旨在通过停车数据统一交易门户、停车数据运营系统、数据操作系统、停车数据资源中心、数据产品和服务目录等模块，实现城市停车数据的全面管理和高效利用（见图 8-3）。以挖掘和释放停车数据的价值为目标，为城

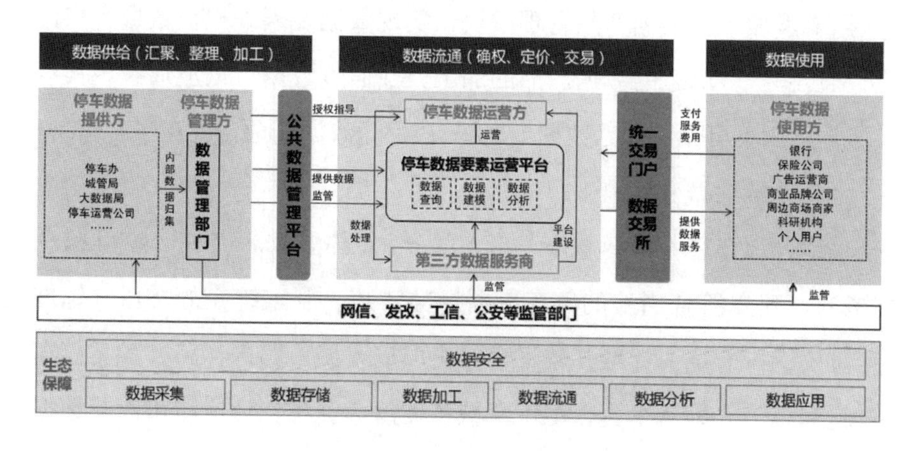

图 8-3　停车数据要素生产和流通关系

市管理、产业服务、商业营销等领域提供数据赋能，推动城市停车数据要素的价值释放。

1. 停车数据统一交易门户

停车数据统一交易门户是一个停车数据产品出售、数据资产评估、数据技术加工等服务的专业性交易平台，为用户提供多种类型的门户交易服务，用户可通过此平台实现行业门户的多种运作模式，确保安全、高效地进行交易。

2. 停车数据运营系统

停车数据运营系统通过数据产品开发、交易管理、运营管理、交易监管、数据安全建设实现数据运营支撑服务，包括产品上架、数据分类、运营管理、交易管理、订单管理、数据分析等功能，解决数据产品应用的难题，帮助数据应用方及 AI 开发者打造集数据产品开发—流通交易—运营监管—安全保障于一体的智能化数据运营支撑服务。

3. 数据操作平台

数据操作平台提供数据要素登记、数据要素治理、数据产权管理、数据要素加工、数据产品管理模块，实现数据要素确权，数据产权许可和转移、多形态的数据产品的加工，并通过数据可信流通技术实现“数据可用不可见、原始数据不出域”，保障数据安全合规有序流通。

4. 停车数据资源中心

结合《智慧城市智慧停车第 1 部分：总体要求》（GB/T 42442.1—2023），建立符合当地的停车数据标准体系，制定统一的接口、标准和协议，打造统一标准开放平台，集成接入城市路内、路外各类停车设施和第三方运营平台，汇聚全域各类停车资源，形成城市停车数据资源中心，支撑城市停车数据要素体系建设，为城市停车数据要素运营提供基础。

5. 数据产品和服务目录

结合政府委办局、停车运营公司、停车产业相关企业、车主等需求，不断开发具有城市停车管理价值、停车产业服务价值、商业营销价值的数据产品及服务，为城市停车数据运营提供丰富的产品和服务的支持。

（四）打造丰富的城市停车数据运营服务场景

南威软件通过政府授权，与当地国有企业、停车运营公司（停车数据持有方）共同成立停车数据要素运营合资公司，将南威软件在智慧停车、数据要素等领域的项目成果、国家标准制定、技术研发实力导入到城市停车数据运营一体化平台，满足政府、停车运营公司、产业相关企业、车主个人用户的多方需求，共同参与区域停车数据要素运营平台项目的投资、建设、运营、管理工作，整合盘活人、车、场等多维度的海量数据资源，创新停车领域的数据产品和服务，实现多方共建共赢。

1. 停车场实时空位查询服务场景

停车场实时空位查询和更新服务结合智慧停车有限公司运营的停车场基本信息数据，包括停车场名称、地址、经度、纬度等信息，以及停车场地磁、高位视频、巡检车、车辆识别机等物联网设备所采集的停车数据，以安全可信流通技术为底座，在保证数据隐私安全及合法合规的基础上，对停车场基本信息和空位检测信息进行加工处理，形成停车实时空位数据产品，提高地图导航企业、城市服务平台公司、车机系统企业在城市停车导航场景的精度，方便用户查询停车场空位数据、导航停车场，更好地服务于驾驶员、提高停车效率，大大方便市民出行。

应用场景主要包括：(1) 地图导航企业：在车主使用地图导航时，可查询周边停车场、停车场空位情况、收费情况等，便于用户高效选择目的地，避免无效绕行；(2) 城市服务平台公司：将停车场实时空位情况接入城市服务平台，如支付宝、微信城市服务等，提升平台服务水平；(3) 车机系统企业：在车机系统中导航功能增加实时空位查询服务，可为车主提高效率，为车机企业提高系统价值。

2. 停车数据精准推送数据应用

停车数据精准推送服务，面向车后市场企业，由企业购买数据精准推送服务，提供符合企业需求的停车用户画像并推送数据，包括用户停车地点、车牌类型、停车场是否有充电桩、车型、品牌、出入重要停车场、停车时长、停车落地点分析等不同数据维度及判断结果。进而推荐周边餐饮、4S 店、车辆养护、充电桩、商场等信息。为企业提供更全面、精准的市场分析和营销策略，主要应用于需要车主画像、车型价值分析、车辆风险评估等场景，如车后市场智慧营销、汽车金融风控、信用额度评估、咨询公司研究等各领域应用场景，同时系统提供强大支撑，在确保数据安全使用的前提下，积极开展大数据各种应用实践，可以实现大数据应用经济效益和社会效益的双重提升。

应用场景主要包括：(1) 智慧营销：针对餐饮、充电桩、汽车养护、加油等关联行业提供智慧营销服务，实现企业营销精细化、数据价值最大化；(2) 车融风控：在各涉车金融业务场景下，对申请人提交的个人与车辆相关资质材料进行验证，避免申请材料造假，实现贷前风险控制；(3) 额度评估：在各涉车金融业务场景下，对申请人车产做认证评估，提高申请人的融资额度评审准确率，降低车融资金发放风险。

附　录

表 1　数据要素市场相关国家政策梳理

出台单位	出台时间	政策名称
中共中央	2019 年 10 月 31 日	中共中央关于坚持和完善中国特色社会主义制度　推进国家治理体系和治理能力现代化若干重大问题的决定
中共中央、国务院	2020 年 3 月 30 日	中共中央　国务院关于构建更加完善的要素市场化配置体制机制的意见
中共中央、国务院	2020 年 5 月 11 日	中共中央　国务院关于新时代加快完善社会主义市场经济体制的意见
国务院办公厅	2020 年 9 月 16 日	国务院办公厅关于以新业态新模式引领新型消费加快发展的意见
中共中央办公厅、国务院办公厅	2021 年 1 月 31 日	建设高标准市场体系行动方案
全国人民代表大会	2021 年 3 月 12 日	中华人民共和国国民经济和社会发展第十四个五年规划和 2035 年远景目标纲要
中华人民共和国工业和信息化部	2021 年 11 月 15 日	“十四五”大数据产业发展规划
国务院	2021 年 12 月 12 日	“十四五”数字经济发展规划
国务院办公厅	2021 年 12 月 21 日	要素市场化配置综合改革试点总体方案
中央网络安全和信息化委员会	2021 年 12 月 27 日	“十四五”国家信息化规划
中共中央、国务院	2022 年 3 月 25 日	中共中央　国务院关于加快建设全国统一大市场的意见
国务院办公厅	2022 年 9 月 13 日	全国一体化政务大数据体系建设指南
全国信标委大数据标准工作组	2022 年 11 月 25 日	数据要素流通标准化白皮书（2022 版）

续表

出台单位	出台时间	政策名称
中共中央、国务院	2022 年 12 月 19 日	中共中央　国务院关于构建数据基础制度更好发挥数据要素作用的意见
中共中央、国务院	2023 年 2 月 27 日	数字中国建设整体布局规划
中共中央、国务院	2023 年 3 月 16 日	党和国家机构改革方案

表 2　数据要素市场部分地方政策梳理

省份	出台单位	出台时间	政策名称
北京市	北京市地方金融监督管理局、北京市经济和信息化局	2020 年 9 月 18 日	北京国际大数据交易所设立工作实施方案
	北京市经济和信息化局	2020 年 9 月 22 日	北京市促进数字经济创新发展行动纲要（2020—2022 年）
	中共北京市委办公厅、北京市人民政府办公厅	2021 年 7 月 30 日	北京市关于加快建设全球数字经济标杆城市的实施方案
	北京市通州区人民政府办公室	2022 年 1 月 28 日	北京城市副中心推进数字经济标杆城市建设行动方案（2022—2024 年）
	北京市经济和信息化局	2022 年 5 月 30 日	北京市数字经济全产业链开放发展行动方案
	北京市人民代表大会常务委员会	2022 年 11 月 25 日	北京市数字经济促进条例
	北京市经济和信息化局	2023 年 2 月 2 日	关于推进北京“数据特区”建设工作的函
	中共北京市委、北京市人民政府	2023 年 6 月 20 日	关于更好发挥数据要素作用进一步加快发展数字经济的实施意见
天津市	天津市人民代表大会常务委员会	2018 年 12 月 14 日	天津市促进大数据发展应用条例

续表

省份	出台单位	出台时间	政策名称
河北省	河北省人民代表大会常务委员会	2022 年 5 月 27 日	河北省数字经济促进条例
山西省	山西省人民代表大会常务委员会	2020 年 5 月 15 日	山西省大数据发展应用促进条例
辽宁省	辽宁省人民代表大会常务委员会	2022 年 5 月 31 日	辽宁省大数据发展条例
吉林省	吉林省人民代表大会常务委员会	2020 年 11 月 27 日	吉林省促进大数据发展应用条例
吉林省	“数字吉林”建设领导小组办公室	2023 年 5 月 4 日	吉林省大数据产业发展指导意见
黑龙江省	黑龙江省人民代表大会常务委员会	2022 年 5 月 13 日	黑龙江省促进大数据发展应用条例
上海市	上海市城市数字化转型工作领导小组	2021 年 7 月 10 日	推进上海经济数字化转型赋能高质量发展行动方案（2021—2023 年）
上海市	上海市人民代表大会常务委员会	2021 年 11 月 25 日	上海市数据条例
上海市	上海市人民政府办公厅	2022 年 3 月 18 日	上海城市数字化转型标准化建设实施方案
上海市	上海市人民政府办公厅	2022 年 6 月 12 日	上海市数字经济发展“十四五”规划
江苏省	江苏省人民代表大会常务委员会	2022 年 5 月 31 日	江苏省数字经济促进条例
浙江省	浙江省人民代表大会常务委员会	2020 年 12 月 24 日	浙江省数字经济促进条例
浙江省	浙江省人民政府办公厅	2021 年 6 月 16 日	浙江省数字经济发展“十四五”规划
安徽省	安徽省人民代表大会常务委员会	2021 年 3 月 26 日	安徽省大数据发展条例
福建省	厦门市人民政府办公厅	2019 年 11 月 26 日	厦门市加快数字经济融合发展若干措施
福建省	厦门市人民政府	2021 年 12 月 31 日	厦门市“十四五”数字厦门专项规划
福建省	福建省人民代表大会常务委员会	2021 年 12 月 15 日	福建省大数据发展条例

续表

省份	出台单位	出台时间	政策名称
福建省	福建省数字福建建设领导小组办公室	2022 年 7 月 20 日	福建省公共数据资源开放开发管理办法（试行）
山东省	山东省人民代表大会常务委员会	2021 年 9 月 30 日	山东省大数据发展促进条例
河南省	河南省人民代表大会常务委员会	2021 年 12 月 28 日	河南省数字经济促进条例
广东省	深圳市人民政府办公厅	2021 年 1 月 14 日	深圳市数字经济产业创新发展实施方案（2021—2023 年）
	深圳市南山区人民政府办公室	2021 年 4 月 23 日	南山区关于加快数字经济产业创新发展的实施方案（2021—2023 年）
	深圳市人民代表大会常务委员会	2021 年 6 月 29 日	深圳经济特区数据条例
	深圳市人民代表大会常务委员会	2022 年 8 月 30 日	深圳经济特区数字经济产业促进条例
	深圳市发展和改革委员会	2023 年 6 月 15 日	深圳市数据产权登记管理暂行办法
	广东省人民政府	2021 年 7 月 5 日	广东省数据要素市场化配置改革行动方案
	广州市人民政府办公厅	2021 年 7 月 20 日	广州市推行首席数据官制度试点实施方案
	广东省人民代表大会常务委员会	2021 年 7 月 30 日	广东省数字经济促进条例
	广东省人民政府	2021 年 10 月 18 日	广东省公共数据管理办法
	广州市人民政府	2021 年 11 月 24 日	广州市数据要素市场化配置改革行动方案
	广州市人民代表大会常务委员会	2022 年 3 月 29 日	广州市数字经济促进条例
广西壮族自治区	广西壮族自治区大数据发展局、发展和改革委员会	2021 年 11 月 26 日	数字广西发展“十四五”规划

续表

省份	出台单位	出台时间	政策名称
广西壮族自治区	广西壮族自治区数字广西建设领导小组	2021年12月19日	广西数字经济发展三年行动计划（2021—2023年）
海南省	海南省人民代表大会常务委员会	2019年9月27日	海南省大数据开发应用条例
重庆市	重庆市人民政府	2019年7月31日	重庆市政务数据资源管理暂行办法
	重庆市人民政府	2020年9月11日	重庆市公共数据开放管理暂行办法
	重庆市人民政府	2021年12月16日	重庆市数据治理“十四五”规划（2021—2025年）
	重庆市人民代表大会常务委员会	2022年3月30日	重庆市数据条例
四川省	四川省人民政府	2021年9月27日	四川省“十四五”数字政府建设规划
	四川省人民代表大会常务委员会	2022年12月2日	四川省数据条例
贵州省	贵州省人民代表大会常务委员会	2016年1月15日	贵州省大数据发展应用促进条例
陕西省	陕西省人民代表大会常务委员会	2022年9月29日	陕西省大数据条例

表 3　我国数据交易所建设情况（2014—2023 年）

成立时间	数量	名称	地区
2014 年	3	中关村数海大数据交易平台	北京
		北京大数据交易服务平台	北京
		香港大数据交易所	香港特别行政区
2015 年	11	重庆大数据交易平台	重庆
		哈尔滨数据交易中心	黑龙江哈尔滨
		贵阳大数据交易所	贵州贵阳
		武汉东湖大数据交易中心	湖北武汉
		武汉长江大数据交易中心	湖北武汉
		西咸新区大数据交易所	陕西西安
		华中大数据交易所	湖北武汉
		华东江苏大数据交易中心	江苏盐城
		交通大数据交易平台	广东深圳
		河北大数据交易中心	河北承德
		杭州钱塘大数据交易中心	浙江杭州
2016 年	6	丝路辉煌大数据交易中心	甘肃兰州
		上海数据交易中心	上海
		浙江大数据交易中心	浙江杭州
		广州数据交易服务平台	广东广州
		南方大数据交易中心	广东深圳
		亚欧大数据交易中心	新疆乌鲁木齐
2017 年	6	河南中原大数据交易中心	河南郑州
		青岛大数据交易中心	山东青岛
		潍坊市大数据交易中心	山东潍坊
		山东省先行大数据交易中心	山东济南
		山东省新动能大数据交易中心	山东济南
		河南平原大数据交易中心	河南新乡
2018 年	1	东北亚大数据交易服务中心	吉林长春
2019 年	1	山东数据交易平台	山东济南
2020 年	4	山西数据交易服务平台	山西太原
		北部湾大数据交易中心	广西南宁
		中关村医药健康大数据交易平台	北京
		安徽大数据交易中心	安徽淮南

续表

成立时间	数量	名称	地区
2021年	11	北京国际大数据交易所	北京
		贵州省数据流通交易服务中心	贵州贵阳
		北方大数据交易中心	天津
		长三角数据要素流通服务平台	江苏苏州
		华南国际数据交易公司	广东佛山
		上海数据交易所	上海
		西部数据交易中心	重庆
		深圳数据交易所	广东深圳
		合肥数据要素流通平台	安徽合肥
		德阳数据交易中心	四川德阳
		海南数据产品超市	海南海口
2022年	7	无锡大数据交易平台	江苏无锡
		福建大数据交易所	福建福州
		湖南大数据交易所	湖南长沙
		海洋数据交易平台	山东青岛
		郑州数据交易中心	河南郑州
		广州数据交易所	广东广州
		苏州大数据交易所	江苏苏州
2023年	2	杭州数据交易所	浙江杭州
		淮海数据交易中心	江苏徐州

表4 国外数据交易平台建设情况

主体 Entity	商业模式 Business Model	主体 Entity	商业模式 Business Model
1DMC	DM	Knoema	DM
Advaneo	DM	Kochava	PMP
AMO	DM	Live Ramp	PMP
AWS	DM	Lon Genesis	DM
Azure	DM	Lotame	PMP
Battlefin	DM	Mobility DM	DM
BurstIQ	DM	Mydex	DM

续表

主体 Entity	商业模式 Business Model	主体 Entity	商业模式 Business Model
Carto	PMP	Openprise	PMP
Caruso	DM	Otonomo	DM
Convex	DM	Quandl	DM
Crunchbase	PMP	Refinitiv	PMP
Databroker	DM	Salesforce	DM
Dataeum	DM	Skychain	DM
Data Intelligence Hub	DM	Snowflake	DM
Data Republic	DM	Streamr	DM
Data Pace	DM	Terbine	DM
Datarade	DM	The Adex	PMP
Dawex	DM	The Trade Desk	PMP
Factset	PMP	Veracity	DM
GeoDB	DM	Vetri	DM
Google Cloud	DM	Wibson	DM
Health Verity	DM	Weople	DM
HERE	PMP	Zenome	DM

注：DM 表示 Data Marketplaces，主要涉及公共数据和半私人数据的交易；PMP 表示 Private Marketplaces，是进行私人数据交易的平台。

表 5　公共数据授权运营的概念要件

时间	文件 / 文献	定 义	数据流通主体				流通客体	流通合约	数据流通环境			价值增值	收益分配
			数据供方	授权主体	授权对象	数据需方	授权客体	授权协议	运营平台	运营行为	规范约束	运营产出	运营收益
2021 年 3 月	《中华人民共和国国民经济和社会发展第十四个五年规划和 2035 年远景目标纲要》	政府数据授权运营试点是指试点授权特定的市场主体，在保障国家秘密、国家安全、社会公共利益、商业秘密、个人隐私和数据安全的前提下，开发利用政府部门掌握的与民生紧密相关、社会需求迫切、商业增值潜力显著的数据	☑	☑	☑	☒	☑	☒	☒	☑	☒	☒	☑
2022 年 12 月	《四川省数据条例》	县级以上地方各级人民政府可以在保障国家秘密、国家安全、社会公共利益、商业秘密、个人隐私和数据安全的前提下，授权符合规定安全条件的法人或者非法人组织开发利用政务部门掌握的公共数据，并与授权运营单位签订授权运营协议	☑	☑	☑	☒	☑	☑	☒	☑	☑	☒	☒
2022 年 12 月	《浙江省台州市地方标准　公共数据授权运营指南 DB3310/T 932022》	授权主体按程序依法授权运营单位，对授权的公共数据进行加工处理，开发形成数据产品并向社会提供服务获取合理收益的行为	☒	☑	☑	☑	☑	☒	☒	☑	☒	☑	☑

续表

时间	文件 / 文献	定 义	数据流通主体				流通客体	流通合约	数据流通环境			价值增值	收益分配
			数据供方	授权主体	授权对象	数据需方	授权客体	授权协议	运营平台	运营行为	规范约束	运营产出	运营收益
2023 年 5 月	《青岛市公共数据运营试点管理暂行办法》	公共数据运营试点，是指经青岛市政府同意，具体承担本市公共数据运营试点工作的企事业单位（以下简称运营单位），在构建安全可控开发环境基础上，挖掘社会应用场景需求，围绕需求依法合规进行公共数据汇聚、治理、加工处理，提供公共数据产品或服务的相关行为	☒	☑	☑	☑	☑	☒	☑	☑	☑	☑	☒
2023 年 7 月	《长沙市政务数据运营管理办法（征求意见稿）》	长沙市数据资源管理局在长沙市人民政府的授权下，将各级政务部门、公共服务企事业单位在依法履行职责、提供服务过程中采集、产生和获取的各类数据资源，按照法定程序授权相关主体基于特定的场景需求加工、处理并面向数据使用方提供服务、获取收益的过程	☑	☑	☑	☑	☑	☑	☒	☑	☑	☑	☑
2023 年 8 月	《浙江省公共数据授权运营管理办法（试行）》	县级以上政府按程序依法授权法人或者非法人组织，对授权的公共数据进行加工处理，开发形成数据产品和服务，并向社会提供的行为	☒	☑	☑	☑	☑	☒	☒	☑	☑	☑	☒

续表

时间	文件 / 文献	定 义	数据流通主体				流通客体	流通合约	数据流通环境			价值增值	收益分配
			数据供方	授权主体	授权对象	数据需方	授权客体	授权协议	运营平台	运营行为	规范约束	运营产出	运营收益
2023 年 8 月	《长春市公共数据授权运营管理办法》	市政府指定本级公共数据主管部门依法授权法人或者非法人组织（以下简称授权运营单位），对授权的公共数据进行加工处理，开发形成公共数据产品并向社会提供服务的行为	☒	☑	☑	☑	☑	☒	☒	☑	☒	☑	☒
2023 年 10 月	《济南市公共数据授权运营办法》	经县级以上人民政府同意，公共数据主管部门或各级政务部门、公共服务企事业单位按程序法人或者非法人组织签订公共数据授权运营协议，依法授权其对数据提供单位提供的公共数据进行加工处理，开发形成公共数据产品并向社会提供服务的行为	☑	☑	☑	☑	☑	☑	☒	☑	☒	☑	☒
2023 年 12 月	《北京市公共数据专区授权运营管理办法（试行）》	公共数据专区采取政府授权公共数据运营管理模式，遴选具有技术能力和资源优势的企事业单位或科研机构开展公共数据专区建设和运营	☒	☑	☑	☒	☑	☒	☑	☒	☒	☒	☒
2022 年 3 月	张会平等（2022）	地方政府将数据市场化运营权集中授予国资企业，由该国资企业通过市场化服务方式满足经济社会发展对政府数据的需要，并实现政府数据资产保值与增值	☒	☑	☑	☑	☑	☒	☒	☑	☒	☑	☒

续表

时间	文件 / 文献	定 义	数据流通主体				流通客体	流通合约	数据流通环境			价值增值	收益分配
			数据供方	授权主体	授权对象	数据需方	授权客体	授权协议	运营平台	运营行为	规范约束	运营产出	运营收益
2022 年 5 月	《公共数据运营模式研究报告》	经公共数据管理部门和其他相关信息主体授权专业化运营能力的机构，在构建安全可控开发环境基础上，按照一定规则组织产业链上下游相关机构围绕公共数据进行加工处理、价值挖掘等运营活动，产生数据产品和服务的相关行为	☒	☑	☑	☒	☑	☒	☑	☑	☒	☑	☒
2023 年 1 月	肖卫兵（2023）	为提高政府数据社会化开发利用水平，基于安全可控原则，允许政府委托可信市场主体将有条件开放类政府数据挖掘开发成为数据产品和数据服务后有偿提供给社会使用的行为	☒	☑	☑	☑	☑	☒	☒	☑	☑	☑	☒
2023 年 1 月	吴亮（2023）	政府将数据利用权交予社会以满足商业创新和公共服务需求，保留数据用益权以促进数据资产的保值增值，同时通过授权许可制保护被授权主体的数据利用权益以及公共利益	☒	☑	☑	☑	☑	☒	☒	☒	☒	☑	☒

资料来源：在高丰（2023）基础上调整梳理。

表6　国内公共数据授权运营的实践进展

区域	时间	相关政策与举措	授权运营模式
成都	2018年10月	成都大数据公司获得市政府政务数据集中运营授权	区域一体化模式
	2020年10—12月	10月，发布《成都市公共数据运营服务管理办法》，指导和约束公共数据运营服务行为；12月，成都市公共数据运营服务平台正式上线（2019年建成）	
北京	2020年3月—2021年9月	3月，发布《北京市经信局关于对〈北京市金融公共数据专区管理办法（征求意见稿）〉征求意见的通知》《关于推进北京市金融公共数据专区建设的意见》；4月，签署《北京市金融公共数据专区授权运营管理协议》《北京通APP授权运营管理协议》；8月发布《北京市关于加快建设全球数字经济标杆城市的实施方案》	场景驱动模式
	2023年12月	印发《北京市公共数据专区授权运营管理办法（试行）》	
上海	2021年11月	发布《上海市数据条例》	区域一体化模式
	2022年9—12月	9月，上海数据集团有限公司正式揭牌成立；12月，发布《上海市公共数据开放实施细则》	
佛山	2022年8月	经顺德区政务服务数据管理局授权，报省政务服务数据管理局备案，顺德区属全国资企业顺科智汇成为公共数据运营服务商	场景驱动模式
广州	2023年5月	广州首个公共数据运营产品“企业经营健康指数”顺利完成交易。围绕“公共数据多源供给、数据价值多维开发、数据流通安全可控”的目标，率先将公共数据以授权运营产品形式进场交易	
深圳	2023年	基于深圳地方征信平台的政务数据金融领域合规安全应用能力，平台获得深圳市政务数据运营授权，成为深圳地方公共数据面向金融机构合规开放共享的唯一出口	
海南	2021年12月	由中国电信股份有限公司投资运营的海南省数据产品超市正式上线	区域一体化模式

续表

区域	时间	相关政策与举措	授权运营模式
江苏	2022 年 1 月	发布《江苏省公共数据管理办法》	场景驱动模式
济南	2023 年 10 月	发布《济南市公共数据授权运营办法》	场景驱动模式
青岛	2022 年 8—12 月、2023 年 5 月	8 月，青岛市启动公共数据运营试点工作，并明确青岛华通集团下属华通智能科技研究院作为试点单位；10 月，发布《青岛市公共数据运营试点突破攻坚方案》；12 月，华通集团及所属华通智研院建设的青岛市公共数据运营平台正式发布；次年 5 月出台《青岛市公共数据运营试点管理暂行办法》	区域一体化模式
浙江	2023 年 8 月	发布《浙江省公共数据授权运营管理办法（试行）》	场景驱动模式
杭州	2023 年 2 月	发布《杭州市公共数据授权运营实施方案（试行）》	
台州	2022 年 12 月	发布台州市地方标准《公共数据授权运营指南》（DB 3310/T93—2022）	
重庆	2019 年 7 月	成立数字重庆大数据应用发展有限公司，作为重庆市政府授权的全市政务数据运营平台，是大数据生态建设和运营的主体，也是重庆市新型智慧城市综合运营商	区域一体化模式

参考文献

北京金融科技产业联盟：《隐私计算技术金融应用研究报告》，2022年。

陈宏民、熊红林、胥莉等：《基于平台视角下的数据交易模式及特点分析》，《大数据》2023年第2期。

陈劲、杨文池、于飞：《数字化转型中的生态协同创新战略——基于华为企业业务集团（EBG）中国区的战略研讨》，《清华管理评论》2019年第6期。

程银桂、赖彤：《新西兰政府数据开放的政策法规保障及对我国的启示》，《图书情报工作》2016年第19期。

丁晓东：《数据交易如何破局——数据要素市场中的阿罗信息悖论与法律应对》，《东方法学》2022年第2期。

丁滟、王闯、冯了了等：《基于区块链监管的联盟数据可信流通》，《计算机工程与科学》，2022年第10期。

范凌杰：《区块链原理、技术及应用》，机械工业出版社2022年版。

高丰：《厘清公共数据授权运营：定位与内涵》，《大数据》2023年第2期。

高富平、冉高苒：《数据要素市场形成论——一种数据要素治理的机制框架》，《上海经济研究》2022年第9期。

龚强、班铭媛、刘冲：《数据交易之悖论与突破：不完全契约视角》，《经济研究》2022年第7期。

观研天下：《中国数据交易行业发展现状研究与投资前景预测报告（2023—2030年）》，2023年。

国家工业信息安全发展研究中心、北京大学光华管理学院、苏州工业园区管理委员会等：《中国数据要素市场发展报告（2021—2022）》，2022年。

合肥工业大学：《数据流通交易中的安全管理需求研究报告》，2022年。

合肥工业大学：《数据交易流程中的风险识别及管理策略研究报告》，

2022年。

贺小石：《数据信托：个人网络行为信息保护的新方案》，《探索与争鸣》2022年第12期。

黄朝椿：《论基于供给侧的数据要素市场建设》，《中国科学院院刊》2022年第10期。

黄成：《数据生态系统：价值创造、结构解析与模式演化》，清华大学博士后研究工作报告，2023年。

黄京磊、李金璞、汤珂：《数据信托：可信的数据流通模式》，《大数据》2023年第2期。

黄丽华、窦一凡、郭梦珂等：《数据流通市场中数据产品的特性及其交易模式》，《大数据》2022年第3期。

黄丽华、杜万里、吴蔽余：《基于数据要素流通价值链的数据产权结构性分置》，《大数据》2023年第9期。

卡尔·安德森、张奎、郭鹏程等：《数据驱动力：企业数据分析实战》，人民邮电出版社2021年版。

李金璞、汤珂：《论数据要素市场参与者的培育》，《西安交通大学学报（社会科学版）》2023年第4期。

李平：《开放政府数据从开放转向开发：问题和建议》，《电子政务》2018年第1期。

李三希、李嘉琦、刘小鲁：《数据要素市场高质量发展的内涵特征与推进路径》，《改革》2023年第5期。

李月、张君、姜玮、方竟、谭培强：《全匿踪隐私保护数据要素安全流通技术探寻》，第38次全国计算机安全学术交流会论文集，2023年。

凌斌：《界权成本问题：科斯定理及其推论的澄清与反思》，《中外法学》2010年第1期。

零壹智库：《深度起底"数据经纪人"：起源发展、概念对比与机构实践》，2022年。

刘涛雄、李若菲、戎珂：《基于生成场景的数据确权理论与分级授权》，《管理世界》2023年第2期。

陆志鹏：《数据要素三级市场经济性分析模型研究》，《大数据》2022年第

4 期。

罗玫、李金璞、汤珂：《企业数据资产化：会计确认与价值评估》，《清华大学学报（哲学社会科学版）》2023 年第 5 期。

［美］帕尔、佩尔茨尔：《深入浅出密码学》，马小婷译，清华大学出版社 2012 年版。

倪楠：《欧盟模式下个人数据共享的建构与借鉴——以数据中介机构为视角》，《法治研究》2023 年第 2 期。

宁园：《从数据生产到数据流通：数据财产权益的双层配置方案》，《法学研究》2023 年第 3 期。

欧阳日辉、杜青青：《数据要素定价机制研究进展》，《经济学动态》2022 年第 2 期。

欧阳日辉：《我国多层次数据要素交易市场体系建设机制与路径》，《江西社会科学》2022 年第 3 期。

潘无穷、韦韬、李宏宇、李婷婷、何安珣：《跨域管控：数据流通关键安全技术》，第 38 次全国计算机安全学术交流会论文集，2023 年。

任洪润、朱扬勇：《数据管道模型：场外流式数据市场形态探索》，《大数据》2023 年第 3 期。

戎珂、陆志鹏：《数据要素论》，人民出版社 2022 年版。

上海市数商协会、上海数据交易所有限公司、复旦大学等：《全国数商产业发展报告（2022）》，2022 年。

申卫星：《论数据用益权》，《中国社会科学》2020 年第 11 期。

宋卿清、曲婉、冯海红：《国内外政府数据开发利用的进展及对我国的政策建议》，《中国科学院院刊》2020 年第 6 期。

汤珂、王锦霄：《数据要素交易的难点与解决之道》，《清华社会科学》2022 年第 1 期。

汤珂、熊巧琴：《促进数据要素流通规范化》，《中国社会科学报》2021 年 8 月 25 日。

汤珂：《数据资产化》，人民出版社 2023 年版。

王丽颖、王花蕾：《美国数据经纪商监管制度对我国数据服务业发展的启示》，《信息安全与通信保密》2022 年第 3 期。

王仁和、李兆辰、韩天明等：《平台经济的敏捷监管模式——以网约车行业为例》，《中国科技论坛》2020 年第 10 期。

王真平：《政府数据开放许可协议：理论源流、法律属性与法治进路》，《图书馆学研究》2021 年第 11 期。

吴磊、冷玉、唐书清：《数字化时代敏捷治理的学术图景：研究范式与实现路径》，《电子政务》2022 年第 8 期。

吴亮：《政府数据授权运营治理的法律完善》，《法学论坛》2023 年第 1 期。

肖卫兵：《政府数据授权运营法律问题探析》，《北京行政学院学报》2023 年第 1 期。

熊巧琴、汤珂、张丰羽：《第三方数字平台能否帮助中小微企业提升经营收益？——来自百万商户大数据的证据》，《经济学（季刊）》2023 年第 5 期。

熊巧琴、汤珂：《数据要素的界权、交易和定价研究进展》，《经济学动态》2021 年第 2 期。

徐翔、厉克奥博、田晓轩：《数据生产要素研究进展》，《经济学动态》2021 年第 4 期。

闫志开：《欧盟对数据中介服务提供者的规制模式及其镜鉴》，《德国研究》2023 年第 2 期。

严宇、孟天广：《数据要素的类型学、产权归属及其治理逻辑》，《西安交通大学学报（社会科学版）》2022 年第 2 期。

杨铿、汤珂、张丰羽等：《数据经纪人的创新实践与监管探索——以广州市海珠区为例》，《工程管理科技前沿》2023 年第 2 期。

杨铭鑫、王建冬、窦悦：《数字经济背景下数据要素参与收入分配的制度进路研究》，《电子政务》2022 年第 2 期。

杨强、刘洋、程勇、康焱、陈天健、于涵：《联邦学习》，电子工业出版社 2020 年版。

杨瑞龙、聂辉华：《不完全契约理论：一个综述》，《经济研究》2006 年第 2 期。

杨竺松、黄京磊、鲜逸峰：《数据价值链中的不完全契约与数据确权》，《社会科学研究》2023 年第 1 期。

姚前：《数据托管促进数据安全与共享》，《中国金融》2023 年第 2 期。

于施洋、王建冬、黄倩倩：《论数据要素市场》，人民出版社 2023 年版。

张会平、顾勤、徐忠波:《政府数据授权运营的实现机制与内在机理研究——以成都市为例》,《电子政务》2021年第5期。

张会平、顾勤:《政府数据流动:方式、实践困境与协同治理》,《治理研究》2022年第3期。

张会平、马太平、孙立爽:《政府数据赋能数字经济升级:授权运营、隐私计算与场景重构》,《情报杂志》2022年第4期。

张丽英、史沐慧:《电商平台对用户隐私数据承担的法律责任界定:以合同说、信托说为视角》,《国际经济法学刊》2019年第4期。

中国信息通信研究院:《数据要素白皮书》,2023年。

朱丹:《以组织创新整体推进企业数字化转型》,《中国国情国力》2022年第10期。

滋维·博迪等:《投资学》,汪昌云、张永骥译,机械工业出版社2017年版。

Acemoglu, D., Autor, D., Dorn, D., Hanson, G. H., & Price, B., "Return of the Solow Paradox? IT, Productivity, and Employment in US Manufacturing", *American Economic Review*, 104 (5), 2014.

Ackoff, R. L., "Management Misinformation Systems", *Management Science*, 14 (4), 1967.

Acquisti, A., Taylor, C., & Wagman, L., "The Economics of Privacy", *Journal of Economic Literature*, 54 (2), 2016.

Agarwal, A., Dahleh, M., & Sarkar, T.,"A Marketplace for Data: An Algorithmic Solution", In *Proceedings of the 2019 ACM Conference on Economics and Computation*, 2019, June.

Agrawal, A., McHale, J., & Oettl, A., *Finding Needles in Haystacks: Artificial Intelligence and Recombinant Growth in the Economics of Artificial Intelligence: an Agenda*, University of Chicago Press, 2018.

Akcigit, U., & Liu, Q.,"The Role of Information in Innovation and Competition", *Journal of the European Economic Association*, 14 (4), 2016.

Arrow, K. J., "Uncertainty and the Welfare Economics of Medical Care", *American Economic Review*, 53 (5), 1963.

Azcoitia, S.A., & Laoutaris, N., "A Survey of Data Marketplaces and Their

Business Models”, *ACM SIGMOD Record*, 2022, 51.

Balkin, J. M., Information Fiduciaries and the First Amendment. *UCDL Rev*, 2016.

Baxter, D., Dacre, N., Dong, H., & Ceylan, S., “Institutional Challenges in Agile Adoption: Evidence from a Public Sector IT Project”, *Government Information Quarterly*,2023.

Brynjolfsson, E., & Collis, A.,“How Should We Measure the Digital Economy”, *Harvard Business Review*, 97（6）, 2019.

Brynjolfsson, E., Collis, A., Diewert, W. E., Eggers, F., & Fox, K. J.,“GDP-B: Accounting for the Value of New and Free Goods in the Digital Economy（No. W25695）”, *National Bureau of Economic Research*, 2019

Byrne, D., & Corrado, C.,*Accounting for Innovations in Consumer Digital Services: IT Still Matters in Measuring and Accounting for Innovation in the 21st Century*, University of Chicago Press, 2020.

Chen, L., Cong, L. W., & Xiao, Y., “A Brief Introduction to Blockchain Economics”, In *Information for Efficient Decision Making: Big Data, Blockchain and Relevance*,2021.

Coase, R. H.,*The Problem of Social Cost In Classic Papers in Natural Resource Economics*, Palgrave Macmillan, London, 1960.

Coulton, C. J., Goerge, R., Putnam-Hornstein, E., & de Haan, B.,*Harnessing Big Data for Social Good:A Grand Challenge for Social Work*, Cleveland: American Academy of Social Work and Social Welfare, 2015.

Delacroix, S., & Lawrence, N. D., “Bottom-up Data Trusts: Disturbing the ‘One Size Fits All’ Approach to Data Governance”, *International Data Privacy Law*, 9(4), 2019.

Denning, S., *The Age of Agile: How Smart Companies are Transforming the Way Work Gets Done*, Amacom, 2018.

Diffie, W., & Hellman, M., “New Directions in Cryptography” . *IEEE Transactions on Information Theory*, 22（6）, 1976.

Dosis, A., & Sand-Zantman, W., “The Ownership of Data”, *The Journal of Law,*

Economics, and Organization, ewac001, 2022.

Edwards, L., "Reconstructing Consumer Privacy Protection Online: A Modest Proposal", *International Review of Law, Computers & Technology*, 18（3）, 2004.

Farboodi, M., & Veldkamp, L.,"Long-run Growth of Financial Data Technology", *American Economic Review*, 110（8）, 2020.

Farboodi, M., & Veldkamp, L.,"A Model of the Data Economy（No. W28427）", *National Bureau of Economic Research*, 2021.

Farboodi, M., Mihet, R., Philippon, T., & Veldkamp, L., "Big Data and Firm Dynamics", In *AEA papers and proceedings*, Vol.109, 2014.

Gaessler, F., & Wagner, S.,"Patents, Data Exclusivity, and the Development of New Drugs", *Review of Economics and Statistics*, 104（3）, 2022.

Goel, P., Patel, R., Garg, D., & Ganatra, A.,"A Review on Big Data: Privacy and Security Challenges", in 2021 3rd International Conference on Signal Processing and Communication（ICPSC）, *IEEE*, 2021, May.

Gren, L., & Lenberg, P., "Agility is Responsiveness to Change: An Essential Definition", In *Proceedings of the 24th International Conference on Evaluation and Assessment in Software Engineering*,2020.

Grossman, S. J., & Hart, O. D.,"The Costs and Benefits of Ownership:A Theory of Vertical and Lateral Integration", *Journal of Political Economy*, 94（4）, 1986.

Gupta, N. K., & Rohil, M. K.,*Big Data Security Challenges and Preventive Solutions in Data Management, Analytics and Innovation: Proceedings of ICDMAI 2019*, Volume 1, Springer Singapore, 2020.

Hart, O., & Moore, J.,"Property Rights and the Nature of the Firm", *Journal of Political Economy*, 98（6）, 1990.

Heckman, J. R., Boehmer, E. L., Peters, E. H., Davaloo, M., & Kurup, N. G.,"A Pricing Model for Data Markets", *iConference 2015 Proceedings*, 2015.

Höchtl, J., Parycek, P., & Schöllhammer, R.,"Big Data in the Policy Cycle: Policy Decision Making in the Digital Era", *Journal of Organizational Computing and Electronic Commerce*, 26（1-2）, 2016.

Huang, L., Dou, Y., Liu, Y., Wang, J., Chen, G., Zhang, X., & Wang, R., "Toward aResearch Framework to Conceptualize Data as a Factor of Production: The Data Marketplace Perspective", *Fundamental Research*, 1（5）, 2021.

Janssen, M., Van Der Voort, H., & Wahyudi, A.,"Factors Influencing Big Data Decision-making Quality", *Journal of Business Research*, 70, 2017.

Jones, C. I., & Tonetti, C.,"Nonrivalry and the Economics of Data", *American Economic Review*, 110（9）, 2020.

Jorgenson, D. W., & Vu, K. M.,"The ICT Revolution, World Economic Growth, and Policy Issues", *Telecommunications Policy*, 40（5）, 2016.

Kerber, W., "A New（intellectual）Property Right for Non-personal Data? An Economic Analysis", *Gewerblicher Rechtsschutz und Urheberrecht, Internationaler Teil (GRUR Int)*, Vol.11, 2016.

Khan, L. M., & Pozen, D. E., "A Skeptical View of Information Fiduciaries", *Harvard Law Review*, 133（2）, 2019.

Kshetri, N.,"Big Data' s Impact on Privacy, Security and Consumer Welfare", *Telecommunications Policy*, 38（11）, 2014.

Lappi, T., Karvonen, T., Lwakatare, L. E., Aaltonen, K., & Kuvaja, P., "Toward An Improved Understanding of Agile Project Governance: A Systematic Literature Review", *Project Management Journal*, 49（6）, 2018.

Lillie, T., & Eybers, S., "Identifying the Constructs and Agile Capabilities of Data Governance and Data Management: A Review of the Literature", In *Locally Relevant ICT Research: 10th International Development Informatics Association Conference, IDIA 2018, Tshwane, South Africa, August 23-24, 2018, Revised Selected Papers 10*, Springer International Publishing, 2019.

Luna, A. J. D. O., Kruchten, P., & de Moura, H. P., "Agile Governance Theory: Conceptual Development", *arXiv preprint arXiv*:1505.06701, 2015.

Luna, A. J. D. O., Kruchten, P., Pedrosa, M. L. D. E., Neto, H. R., & De Moura, H. P., "State of the Art of Agile Governance: A Systematic Review", *arXiv preprint arXiv*:1411.1922, 2014.

Luna, A. J. D. O., Marinho, M. L., & de Moura, H. P., "Agile Governance Theory: Operationalization", *Innovations in Systems and Software Engineering*,16

(1), 2020.

McAfee, A., Brynjolfsson, E., Davenport, T. H., Patil, D. J., & Barton, D., "Big Data: The Management Revolution", *Harvard Business Review*, 90（10）, 2012.

Mergel, I., "Agile Innovation Management in Government: A Research Agenda", *Government Information Quarterly*, 33（3）, 2016.

Mergel, I., Ganapati, S., & Whitford, A. B., "Agile: A New Way of Governing", *Public Administration Review*,81（1）, 2021.

Mergel, I., Gong, Y., & Bertot, J., "Agile Government: Systematic Literature Review and Future Research", *Government Information Quarterly*,35（2）, 2018.

Miller, H. G., & Mork, P.,"From Data to Decisions: A Value Chain for Big Data", IT *Professional*, 15（1）, 2013.

Moody, D. L., & Walsh, P., "Measuring the Value of Information-An Asset Valuation Approach", in *ECIS*,1999.

Müller, O., Fay, M., & Vom Brocke, J., "The Effect of Big Data and Analytics on Firm Performance: An Econometric Analysis Considering Industry Characteristics", *Journal of Management Information Systems*, 35（2）, 2018.

Muschalle, A., Stahl, F., Löser, A., & Vossen, G., *Pricing Approaches for Data Markets. In Enabling Real-Time Business Intelligence: 6th International Workshop, BIRTE 2012, Held at the 38th International Conference on Very Large Databases, VLDB 2012, Istanbul, Turkey, August 27, 2012, Revised Selected Papers 6*, Springer Berlin Heidelberg, 2013.

Pei, J., "A Survey on Data Pricing: From Economics to Data Science", *IEEE Transactions on Knowledge and Data Engineering*, 34（10）, 2020.

Raith, M.,"A General Model of Information Sharing in Oligopoly", *Journal of Economic Theory*, 71（1）, 1996.

Spiekermann, M., "Data Marketplaces: Trends and Monetisation of Data Goods", *Intereconomics*, 54（4）, 2019.

Spiekermann, S., Acquisti, A., Böhme, R., & Hui, K. L., "The Challenges of Personal Data Markets and Privacy", *Electronic Markets*, 25, 2015.

Statistics Canada,*The Value of Data in Canada: Experimental Estimates*, Latest

Developments in the Canadian Economic Accounts (Working Paper Series), No. 9, 2020.

Sun, G., Cong, Y., Dong, J., Wang, Q., Lyu, L., & Liu, J.,"Data Poisoning Attacks on Federated Machine Learning", *IEEE Internet of Things Journal*, 9 (13), 2021.

Thaler, R.,"Toward A Positive Theory of Consumer Choice", *Journal of Economic Behavior &Organization*, 1 (1), 1980.

Tirole, J., "Incomplete Contracts: Where do We Stand?", *Econometrica*, 67 (4), 1999.

Veldkamp, L., & Chung, C., "Data and the Aggregate Economy", *Journal of Economic Literature*, 109, 2019.

Wallach, W., & Marchant, G., "Toward the Agile and Comprehensive International Governance of AI and Robotics (point of view)", *Proceedings of the IEEE*, 107 (3), 2019.

Xiong, B., Ge, J., & Chen, L., "Unpacking Data: China' s 'Bundle of Rights' Approach to the Commercialization of Data", *International Data Privacy Law*, ipad003,2023.

Xiong, W., & Xiong, L., "Smart Contract Based Data Trading Mode Using Blockchain and Machine Learning", *IEEE Access*, 7, 2019.

Yan, J., Yu, W., & Zhao, J. L.,"How Signaling and Search Costs Affect Information Asymmetry in P2P Lending: The Economics of Big Data", *Financial Innovation*, 1 (19), 2015.

Yiquan Gu, Leonardo Madio, Carlo Reggiani, "Data Brokers Co-Opetition", *Oxford Economic Papers*, Volume 74, Issue 3, July 2022.

Zhang, H., Ding, H., & Xiao, J., "How Organizational Agility Promotes Digital Transformation: An Empirical Study", *Sustainability*, 15 (14), 2023.

Zhang, M., & Beltrán, F., "A Survey of Data Pricing Methods", *Available at SSRN* 3609120, 2020.

Zhang, Q., Li, S., Li, Z., Xing, Y., Yang, Z., & Dai, Y., "CHARM: A Cost-efficient Multi-cloud Data Hosting Scheme with High Availability", *IEEE Transactions on Cloud computing*, 3 (3), 2015.

责任编辑：张 蕾
封面设计：汪 莹

图书在版编目（CIP）数据

数据要素的可信流通 / 汤珂，吴志雄 主编 . — 北京：人民出版社，2024.6
ISBN 978 – 7 – 01 – 026615 – 2

I. ①数… II. ①汤… ②吴… III. ①数据管理 – 研究 IV. ① TP274

中国国家版本馆 CIP 数据核字（2024）第 108091 号

数据要素的可信流通
SHUJU YAOSU DE KEXIN LIUTONG

汤 珂 吴志雄 主编

人民出版社 出版发行
（100706 北京市东城区隆福寺街 99 号）

北京中科印刷有限公司印刷 新华书店经销

2024 年 6 月第 1 版 2024 年 6 月北京第 1 次印刷
开本：710 毫米 ×1000 毫米 1/16 印张：13.75
字数：165 千字

ISBN 978 – 7 – 01 – 026615 – 2 定价：63.00 元

邮购地址 100706 北京市东城区隆福寺街 99 号
人民东方图书销售中心 电话（010）65250042 65289539